台灣經典賞鳥路線

出發賞鳥去！・鳥類觀察與攝影的實戰祕笈

世界上很難再找到
像台灣一樣的賞鳥天堂了

台灣島的地形多變，植被地貌複雜多樣，不但號稱高山之島，也造就了豐富的生態多樣性，尤其是野鳥種類眾多，無論是留鳥還是候鳥。但是台灣島的面積卻不大，不管要去哪個地點賞鳥，只要是有道路可以讓汽車通行，都能夠在一天之內抵達，這世界上很難再找到和台灣有一樣條件的賞鳥天堂了。

雖然很多人嚮往自己也能夠透過望遠鏡欣賞野鳥的姿態，然而卻面臨資訊來源匱乏的窘境，這些資訊取得的阻礙，也妨礙了賞鳥活動的發展。而網路上許多消息並不是正確也不是即時的，大眾傳播媒體則是絕大部分的消息都不真實，其實台灣的媒體工作者多半並不喜歡親近自然。

因此，我們製作此書，讓喜愛戶外自然的初學者或是尚未入門的一般大眾，能夠了解台灣的二十大賞鳥去處，以及認識正確的望遠鏡操作方法，並且收錄一部分

鳥類攝影的基礎常識，這是一本工具書性質的入門級讀物，雖然內容淺顯易懂，但製作過程仍然耗時費力，只為呈現最真實的現場實況。

要拍攝野鳥的生活姿態真的非常不簡單，攝影器材的性能與重量負擔只是其次，這不但要有非常大的耐心，在出門前更要先做足功課，了解鳥兒的習性，然後選擇正確的時間前往正確的地點，再加上很好的運氣，才有可能拍到值得留下示人的幾張圖片。野鳥攝影雖然是非常辛苦的差事，但是每當看到拍攝的成果，自然又會想要安排下一趟的戶外攝影行程，有可能是在海邊，又或者是在深山，不管去哪裡，都有不一樣的樂趣。

邢正康

鳥有什麼好看的？
讓人永不厭倦的美好休閒

二○一五年四月，有四位年齡七十九歲的女士從加拿大來到台灣進行超過十天的賞鳥旅遊；八月時有位定居台灣且在此從事生態導遊的英國人，在全世界規模最大的賞鳥博覽會 Bird Fair UK 租一個攤位，在三天的展覽期間將台灣的生態之美及賞鳥環境推薦給來自世界各地的人；同年的十月十五日，二十九歲的美國青年 Noah Strycker 來到台灣並從事為期三天的賞鳥活動，他是單年賞鳥記錄鳥種數最多的世界紀錄保持人，他的「二○一五年單年不間斷賞鳥之旅」於十二月三十一日完成四十一個國家共三百六十五天不間斷的賞鳥旅程，記錄達六千零四十二種鳥類，超越之前由一對英國夫婦於二○○八年創下的四千三百四十一種。

當時我有幸前往大雪山參與一天與 Noah 一起賞鳥的活動，實際感受 Noah 如何在有限的時間盡可能看到最多的鳥種，並以台灣特有種為首要目標；而我從凌晨四點獨自開車從台北前往大雪山，直到傍晚約五點從大雪山上的小雪山莊返回台北，約四百公里當天往返的路程竟然不會讓我感到疲憊，這絕對是來自於對賞鳥的熱情！

近年來常看到身邊的朋友

帶著來自世界各地的賞鳥愛好人士，到台灣從事賞鳥及拍攝鳥類的旅遊行程。這些鳥類生態的愛好者，包括英國、美國、加拿大、日本及其他國家的人士。他們多數投入超過十天以上的時間，其中一些愛鳥人士甚至一次的行程僅停留在一個保育區進行深度的賞鳥。

自台灣開始記錄鳥類以來至二〇一六年間，根據中華鳥會統計資料顯示，台灣已發現超過六百種鳥類。在這塊面積約三萬六千平方公里的土地，卻有超過六百種鳥類在此被發現，因此鳥類密度及發現率都很高，使得台灣成為賞鳥及拍攝鳥類愛好者的鍾愛地！

身旁的朋友總會問：「鳥有什麼好看的？」我總會分享我最被大自然感動的一刻，那是一個天氣晴朗的清晨，我走在海拔二千多公尺的大雪山森林公園，巧遇一位熟識的鳥類學博士，他分享如何聆聽鳥類的鳴叫聲，再從聲音傳來的方向找到鳥類所在的位置。瞬間讓我回想起學生時代，在國家音樂廳聆聽由祖賓梅塔指揮以色列愛樂交響樂團演奏的樂曲，有一段如鳥鳴般的悅耳樂音，讓我當時想像著彷彿置身於美麗又清靈的森林中，就在那兩段美妙的時空交錯時，我感受到賞鳥的幸福！

在美麗的自然中，聆聽悅耳的鳥音，欣賞美麗的彩色飛羽，集聽覺、視覺，及感受生命與自然的和諧，這般美好的休閒活動，讓人永遠都不會感到厭倦。

目錄 Contents

3 CHAPTER

4 CHAPTER

經典賞鳥旅遊地點

5 CHAPTER

190

實用的賞鳥裝備分享

APPENDIX

210

同場加映

CHAPTER 1

賞鳥的樂趣

由於台灣得天獨厚的地理環境，各地賞鳥地點皆有不同特色，豐富的鳥種之多，就算是賞鳥新手也會覺得新奇讚嘆。從聆聽鳥鳴開始，進而學習如何觀察鳥類，安排一趟適合自己的賞鳥行程，並從中體會賞鳥的樂趣。

聆聽鳥鳴，美妙的自然樂音

當我們遠離都市到達心中嚮往的自然野地，呼吸純淨的空氣，聆聽時而獨唱、時而合唱如交響樂般的悅耳鳥鳴聲，觀看鳥類的彩羽及優雅飛翔，這樣的活動使得我們的聽覺及視覺都更加敏銳，也讓我們與自然產生微妙的互動。

使用望遠鏡於野外觀察時，可以發現這精密的光學器材，讓我們看到超越肉眼所能察覺的世界，鳥類的細節如羽毛紋理、顏色及形體的特徵等都一一展現在我們眼前。透過深刻感受台灣豐富且多樣的鳥類生態之美，使我們能真實的了解如何保護自然。

漫步林間，聆聽如音樂家獨奏般地純淨嘹亮的鳥鳴聲，在空寂的森林深處響起，孤單的行者像是聽見朋友的呼喚、熱戀的情侶感受到自然對愛情的歌頌、呵護幼兒的父母像是得到珍貴的禮物般高興地要小孩聆聽並接收那自然界最美妙的聲音！

當幾隻鳥兒合鳴時聽似重奏般之綺麗繽紛，群鳥合鳴又如交響樂般豐富多變，時而輕快婉轉，時而磅礡壯闊！入門的賞鳥人享受這美妙的鳥鳴，資深的「鳥人」則聽音辨鳥，從鳥鳴的聲音判斷鳥種及所在位置；甚至從不同的聲音了解是繁殖季的求偶鳴聲、呼叫同伴、宣示地盤及警戒等各種不同的鳴叫。

鳥類的鳴聲常讓我印象深刻，記得一次在鰲鼓濕地突然聽到一陣急迫的鳥叫聲自左前下方傳來，我的目光被聲音導引到小溪的水面，看到一隻小水鴨的幼鳥正遭遇水蛇的追擊，並奮力地往岸上快速游去，還好牠成功逃過水蛇的掠食。也曾在台北觀音山上欣賞五色鳥，用望遠鏡看著牠在枝頭跳躍並張著嘴叫著「郭

1. 黑長尾雉（帝雉）。2. 白耳畫眉。3.資深的賞鳥人還能聽音辨鳥，判斷鳥種和其所在位置。4.漫步林間，聆聽如樂音般的鳥鳴是一大享受。

郭郭郭」的聲音，頭左擺右擺，叫著叫著另一隻五色鳥也飛來，很快就一起飛走了，這就是五色鳥以鳴叫來呼叫同伴的方式。一次在寂靜的湖面看到隻身優游的小鷿鷉，透過望遠鏡觀察到牠張著小嘴，聽牠發出嘹亮的「匹、匹」鳴聲，高亢的聲音穿透午後水氣蒸騰的湖面，迴盪在美麗的關渡濕地間。

在大雪山海拔二千五百公尺左右的高度，我與朋友清晨五點前抵達了鳥會友人所告知的賞鳥點，等待黑長尾雉（帝雉）的出現，在兩個多小時的等待過程中有其他人紛紛到達，但也陸續失望地離去，只有我與朋友最早到且堅持到最後，對我而言置身美麗的自然環境中，聆聽優雅美妙的鳥鳴，清涼的山風吹拂，等待的過程就是享受，早晨七點多時帝雉出現了，我們安靜地壓低姿勢且動作近乎靜止的觀察著牠，幸運地聽到牠發出低沉且微小的「咯、咯、咯」的鳴聲。

觀賞鳥類，體會大自然的奧妙

投入賞鳥的活動，會使我們在過程中累積與鳥類生態及自然環境有關的知識，事前的充分準備更可提高賞鳥的舒適度及對自然生態知識的吸收程度。首先，讓我們先來認識鳥類的外觀部位構造，進而可在賞鳥時觀察到更多有趣的細節，圖片以「鷸」作為示範。

赤足鷸形態外觀名稱

鳥類觀察的正確記錄方式

- **地點**：可記錄位置、海拔高度，以及環境型態如草地、沙灘或河流等。
- **時間**：觀察到該鳥類的日期及時間。
- **天氣**：如陰、晴、雨天或颱風過後等。
- **名稱及數量**：記下該鳥類的名稱及發現的數量。
- **行為**：記下該鳥類當時的細節動作，例如黑鳶在海岸上空飛行盤旋，並且偶而貼近水面將腳爪伸入水中抓取魚類。
- **特徵記錄**：如鳥類的外觀、特徵及顏色等。

鳥類的基本知識

成長期

鳥類會因為不同的成長期而有所差異，大致可區分為：

- **成鳥**：其羽色明確且具有繁殖能力。
- **亞成鳥**：其介於幼鳥及成鳥之間，有些會有成鳥的羽色，有些可能具有繁殖能力。
- **幼鳥**：其羽毛剛長好，剛學會飛行。
- **雛鳥**：為孵出後至羽毛長出期間，而且還不會飛行。

遷徙行為

鳥類因具有不同遷徙行為，而被大致劃分成以下幾種：

- **候鳥**：會隨著季節變化而遷移的鳥類，以該地區出現的季節及停留的時間長短來區分候鳥，有冬候鳥、夏候鳥及過境鳥。
- **留鳥**：整年出現在該地區且有繁殖紀錄的鳥種。
- **迷鳥**：原不屬於該地區的鳥種，卻在遷徙的過程中，因為天候不佳或體力不支等不可抗力因素，而出現在該地區時，則被稱

黃胸藪眉（藪鳥）。

為迷鳥。

• **外來鳥種**：原不屬於該地區，但因為被進口買賣等非自然的方式而出現在該地區的鳥種。

羽毛的變化

鳥類的羽翼會隨著年齡而變化，或因為性別的不同而相異，但也有些鳥類是雌雄同型，因此常使新手賞鳥者混淆難辨。鳥類羽毛的變化，大致區分如下：

• **繁殖羽**：當成鳥在繁殖季時的羽色。

• **非繁殖羽**：當成鳥在非繁殖季時的羽色。

• **飾羽**：成鳥因為繁殖目的而長出特別的羽毛。

各種羽毛的功能

鳥類身上的各種羽毛皆有不同的功能及作用，圖片以「黑鳶」作為示範，大致可分為以下幾種：

• **尾羽**：羽毛又長又硬，能幫助鳥類控制飛行方向，並提供穩定及平衡。

• **翼羽中的初級飛羽**：以韌帶連接在骨頭上，用來控制方向，是長度最長且力氣最大的飛羽。

• **翼羽中的次級飛羽**：功能用來振翅及俯衝。

• **覆羽**：屬於較小的羽毛，成排生長在飛羽底部，功能是讓氣流順暢地通過翅膀，並提供保暖。

• **廓羽**：這種外層羽毛是由特殊的肌肉控制，賦予鳥類有流線型的外觀。底部有柔軟的細絲，扁平的末梢像屋瓦般層層相疊，讓鳥類維持空氣動力。

各種羽毛的功能

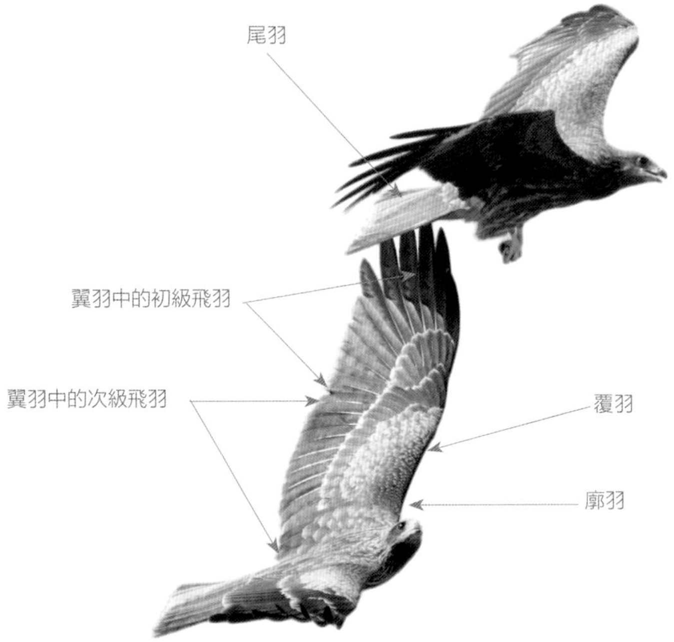

安排一趟充實的賞鳥行程

當我們計畫從事賞鳥旅遊時，通常會先訂好天數、路線、住宿以及賞鳥地點。出發前針對賞鳥地點的環境概況及鳥類紀錄可先行收集資料，以便賞鳥時對環境及鳥類有更深一層的認識。

行程的種類

大致可分為觀賞陸鳥或水鳥不同類型，前往這些賞鳥點，穿著以遮陽帽及防風措施為重，攜帶的望遠鏡也需有高倍率單筒望遠鏡及搜尋用的雙筒望遠鏡。

陸鳥

泛指以陸域為主要棲息地的鳥類。陸鳥通常在高山、森林周邊、溪流、草地、農地及都市等環境活動。欣賞陸鳥前必須針對賞鳥點的環境準備適合的穿著、裝備及雙筒望遠鏡。

高蹺鴴。

水鳥

泛指以水域為主要棲息地的鳥類。水鳥通常在河流、水田、湖泊、潮間帶及沙灘等環境活動。觀察水鳥的地點通常是開闊環境，由於較少遮蔽物，因此風勢強勁，容易曝曬。

地區性特色鳥種

是指多數賞鳥人抵達該地區時，最想看到的鳥種。例如在台灣當提到黑面琵鷺時，很多人

1. 翠鳥。2. 黑長尾雉（帝雉）。

會聯想到台南七股的黑面琵鷺保護區；八色鳥即聯想到雲林的湖本；灰面鵟鷹就會想到每年十月在墾丁舉辦的灰面鵟鷹過境南飛的觀賞活動，及每年三月左右在八卦山舉行的觀賞灰面鵟鷹北返的活動；還有如大雪山的黑長尾雉（又稱帝雉）及藍腹鷴，陽明山的台灣藍鵲，台南官田的水雉，基隆港黑鳶及蘭嶼的蘭嶼角鴞……等，都可稱為該地區的特色鳥種。

二〇一四年十二月時，在台灣第一次被發現的西伯利亞白鶴，只有一隻在當時是亞成鳥，遷徙途中可能因體力不支而離開族群輾轉飛抵台灣而長期停留於金山清水濕地，成為我們所稱的「迷鳥」；直到二〇一六年五月牠仍然停留在該處，並持續吸引許多人前往觀賞及拍攝。

賞鳥小知識

各地的鳥況總是隨著時間及季節在改變，安排行程之前，可以至各地鳥會組織的網站查詢當前的鳥類活動情況。相關網站連結可參考

www.bird.org.tw/index.php/link/member

青背山雀。

行程的安排

計畫時需考量下列因素：

一、季節及時間

四至五月：這段期間正值鳥類繁殖季，由於親鳥忙於啣取巢材築巢，及尋覓食物並帶回餵食雛鳥，在林間曠野忙碌穿梭飛行，因此較易觀察到鳥類。此時期若有不當的干擾行為也會使親鳥受到驚嚇，而影響到育雛，因此需盡可能地降低干擾。

九月中旬到十一月：此時候鳥陸續隨著東北季風過境或飛抵台灣度冬，是賞鳥的絕佳時期。

三月：隨著北方氣候回暖，南方度冬的候鳥北返，也是欣賞過境鳥的好時機。

其他一般時期：可觀賞本地的留鳥，時間以清晨天剛亮，鳥類開始覓食時為最佳的觀賞時間。或在夕陽西下前，鳥類陸續返回夜棲地或夜棲間進行覓食，也很適合賞鳥。當到海邊賞鳥，則需掌握到漲潮前及退潮後的時間。

二、距離的考量

距離較近的單一賞鳥點至少需規畫半日（上午或下午），而距離較遠或多個賞鳥點則安排一日或多日的賞鳥旅遊。

三、住宿的選擇

住宿方面可盡量以靠近鳥類棲息地的住宿點為考量，以方便把握最佳的賞鳥時間。必要時甚至得以車為家，直接在汽車裡過夜。

四、交通的便利性

當鳥類棲息地範圍廣大或前往多個賞鳥點時，則可考慮使用自用的交通工具。許多國家公園、濕地或保護區由於腹地廣闊，能以自用交通工具前往較為方便。

必備的裝備與行頭

只要準備高品質的雙筒望遠鏡，並隨身攜帶一本鳥類圖鑑即可享受賞鳥的樂趣。看似簡單，然而想要擁有更好的賞鳥品質，搭配一些人身使用的行頭也是一大重點。如果這些東西都具備的話，活動時則可以更舒適或輕鬆些。從頭到腳包含了這些裝備，列出如下。

其中單筒或雙筒望遠鏡及腳架、筆記本及筆和攝影器材可視個人需要而定；另外也可攜帶進階的專業研究輔助裝備，如衛星定位顯示器、高度器、指北針、計數器及偽裝帳等。最後，這些東西全部都要塞入夠理想的雙肩後背包裡，這樣行動才會便利又舒適，也更能兼顧安全。

知識來源—鳥類圖鑑

許多喜歡賞鳥的朋友都擁

必備的裝備與行頭

鳥類圖鑑：用於觀察時以圖鑑來比對出野鳥的正確名稱。

望遠鏡及腳架：方便在適當的距離，且不干擾野鳥的位置進行觀察。

輕便的背包：可放入水壺、乾糧、記錄本及筆。

機能性服裝：色彩自然且舒適的服裝，需考慮賞鳥路線的海拔高度變化及氣象狀況。

寬緣的帽子：具有遮陽、防小雨，並減少頭部受寒風吹襲。

雨具：雨傘或風雨衣。

太陽眼鏡：在仰望飛過上空的猛禽或其他鳥類時使用，可降低逆光觀察所產生的反差，保護眼睛不受紫外線及強光的傷害。

多口袋的背心：可選擇有大口袋可放入圖鑑、賞鳥記錄本及筆等物品的背心。

有幾本不同的鳥類圖鑑，這些圖鑑有手繪及照片書。手繪圖鑑能將相似鳥種之重點差異於畫中顯現，並能將區域內所有的鳥種全部畫出。照片能拍入鳥的棲地環境，具有真實感，但難以拍攝到區域內所有鳥類。隨著地球的氣候變遷及生態環境改變，區域內的鳥類資源也會不同以往，因此新推出的野鳥圖鑑總能納入新發現的鳥類。

選購圖鑑可考慮使用的方式，如在家中使用比對野外拍攝的野鳥照片時，圖鑑的大小及重量便不受限制。用於野外觀察即時比對時則須考慮圖鑑的大小及便攜性。也可購買針對單一賞鳥地區所出版的照片式鳥類圖鑑及賞鳥指南，在比對所觀察的鳥種及規畫賞鳥行程方面較為方便。

賞鳥小知識

不分年齡的知性生態之旅

在賞鳥的過程中，我們認識各種鳥類，進而了解牠們不同的棲息環境、攝食的特性、遷移、分布、及繁殖與數量等。因此賞鳥的活動提供我們在自然中觀察與學習，很多的知識可說是在愉快的賞鳥過程中自然累積。

參加過眾多的賞鳥活動，總是能看到親子一起賞鳥的溫馨畫面。而退休的人士有資深，也有初入門的賞鳥者；有看盡數千種鳥的老師，也有花費數十年只關心一種鳥的老師；有熱情的學生及阿公阿婆義工們，他們幫著野鳥學會推廣自然保育的觀念；有充滿愛心的救傷義工及醫師們，他們竭盡所能救治及照顧野鳥，希望鳥兒能再次展翅高飛回到野外。賞鳥不分老少，是一輩子都能從事的活動。

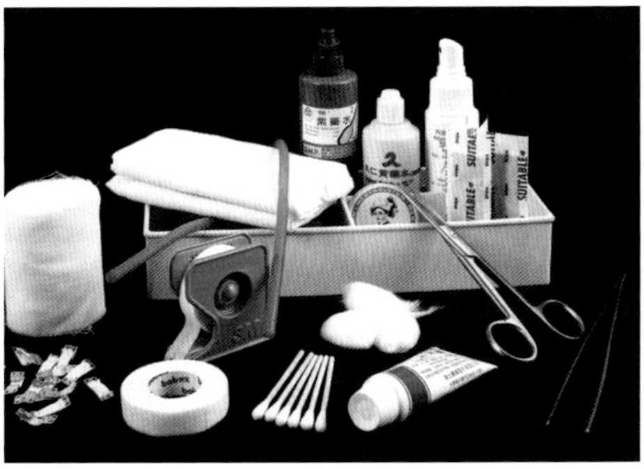

急救藥品：身處戶外時，有可能遇蚊蟲叮咬或其他突發狀況，建議攜帶急救藥品，以備不時之需。

防蚊液及防曬乳：賞鳥活動常需要長時間靜止不動，在戶外仍需做好防蚊及防曬的準備。

健行鞋或登山鞋：穿著舒適，可考量賞鳥點的環境型態，是否需要防水或防滑的功能。

手電筒或頭燈：清晨或夜晚行進時，需準備照明設備保護安全，並記得攜帶備用電池。

水壺、飲用水及乾糧：若進入山林內或較偏遠地區，建議自行攜帶足夠飲水及糧食。

台灣的鳥類生存環境

自台灣開始記錄鳥類以來，根據中華民國野鳥學會之二〇一四年七月公布之台灣鳥類名錄，台灣地區包括澎湖、金門、馬祖與其他附屬島嶼，一共記錄六百二十六種野鳥。

鳥類資源與環境保育

其中包括候鳥二百六十九種（43%）、留鳥一百三十種（20.8%）、迷鳥一百五十七種（25.1%）、同時是留鳥與候鳥二十七種（4.3%）、海洋性鳥二十七種（4.3%）及引進逸出鳥十六種（2.6%）。牠們分布於高海拔針葉林、中海拔闊葉林、低海拔雜木林、平原、湖泊、溪流、水田、河口、潮間帶、沙灘、港口、礁岩、島嶼及海洋等。

依據世界自然保育聯盟（IUCN）的資料顯示，現代造成物種滅絕最主要的原因為原始棲地被干擾或破壞、過度捕獵及外來種的引入威脅到原生種的生存。從一八七二年美國設立黃石國家公園，當時是世界上第一座國家公園，至今已經有約一百個國家共設立近千座國家公園。

一九八一年台灣開始推動國家公園及自然保育工作，至今由內政部依據「國家公園法」規定已相繼成立了墾丁、玉山、陽明山、太魯閣、雪霸、金門、東沙環礁、台江及澎湖南方四島海洋，共九個國家公園及壽山國家自然公園。為維護及管理台灣具有代表性的生態體系、或具有獨特地形地質意義、或具有基因保存永久觀察、教育研究價值之區域。農委會自一九八六年起依法先後指定公告二十二處自然保留區，其中包括一九八六年六月公告的關渡自然保留區，該區鳥類資源豐富，約有七十種左右，是

2014 年台灣鳥種比例

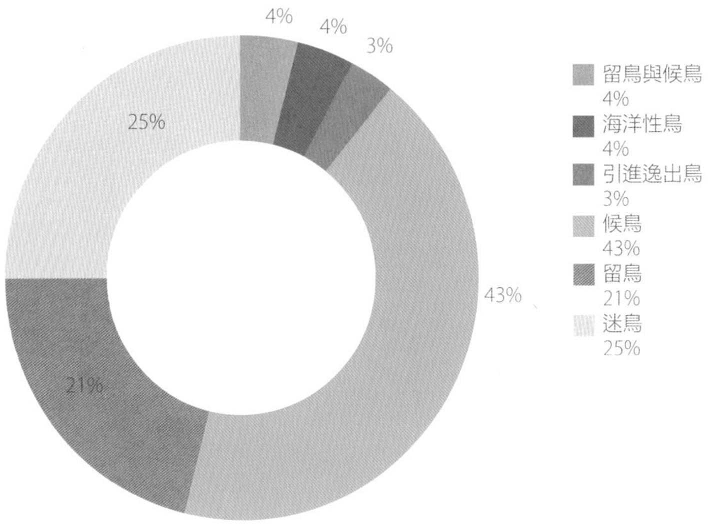

本島重要的鳥類棲息區之一。

野生動保法的實行

為保護野生動物及其棲息環境，台灣於一九八九年頒布野生動物保育法，並於一九九一年起由農委會核定各縣市政府公告，先後共劃設二十處野生動物保護區及三十七處野生動物重要棲息環境，其中包括台北市野雁、棉花嶼及花瓶嶼海鳥、宜蘭縣蘭陽溪口水鳥、馬祖列島燕鷗、台南縣曾文溪口黑面琵鷺、雲林八色鳥及其他等共二十區三十七處。

農委會林務局為保護涵蓋國有森林內各種不同代表性生態體系及稀有動植物，於一九八一至一九九二年間共成立六處自然保

賞鳥小知識

下列情況會對鳥類的生存造成威脅：

1. 不當的農藥使用於植物以及毒物的滅鼠行為，使得鳥類因食物鏈關係而誤食含毒物的食物。
2. 外來引進物種的逸出野外，造成擠壓原有物種的生存環境及破壞既有的生態平衡。
3. 不當的人為餵食、播放鳥音及擺弄暴露巢位等之干擾行為。
4. 非法的捕捉及販賣。
5. 鳥類棲息地的破壞行為。

1.台灣藍鵲。2.冠羽畫眉。3.台灣噪眉(金翼白眉)。

護區。從一九八一年至二〇一五年這近三十五年間，台灣地區及離島已經設立自然保留區二十二個、野生動物保護區二十個、野生動物重要棲息環境三十七個、國家公園九個、國家自然公園一個及自然保護區六個，總計九十五個，其陸域面積達近七十萬公頃，占台灣含離島之總面積三百六十萬公頃之19%。

經過環境保護及動物保育團體多年來的努力推廣理念及爭取立法，近年來台灣的民眾多已經具備環境保護及生態保育的觀念，加上一九九五年十月政府發布環境影響評估法施行細則後，已經減少不當的土地開發及環境破壞事件，使台灣成為適合鳥類棲息及對鳥類友善環境。

賞鳥者鍾愛的天堂

至二〇一四年止台灣記錄過

1.經過保育組織的努力，許多重要的鳥類棲地才能免於被破壞。2.保護自然生態環境是需要長期推動並延續的理念。

的六百二十六種鳥類中，有二十五種屬於台灣特有鳥種，這些鳥種在其他國家的野外看不到。二〇一五年台灣特有種鳥類增至二十七種，新增的兩種特有種鳥類為台灣竹雞及赤腹山雀。

台灣最早成立的賞鳥團體為一九七三年組織的台北賞鳥俱樂部，即社團法人台北市野鳥學會之前身。至今台灣已有超過二十個立案之民間賞鳥組織，遍及各縣市及離島。這些組織成立的宗旨與任務多為欣賞、研究和保育野生鳥類及棲地，對大眾推廣保護自然生態環境的觀念，並與國際保育團體互訪交流。台灣有眾多保育組織之熱情人士齊心推動鳥類及棲地保育，使許多重要鳥類棲地及森林得以保留、復原或免於被破壞，同時也得到完善的保育管理與經營，甚至催生出完善的保育法規。

今日台灣的鳥類生態及棲地環境，已受國際鳥類保育組織及國際生態旅遊公司推薦為值得前往的賞鳥旅遊區。近年來已有許多的國外人士前來賞鳥，且一致認同到台灣賞鳥旅遊的友善、安全、交通便利及舒適環境。

台灣特有種鳥類表

黑長尾雉（帝雉）	藍腹鷴	台灣山鷓鴣（深山竹雞）
五色鳥	台灣藍鵲	黃山雀
烏頭翁	火冠戴菊鳥	台灣鷦眉
台灣叢樹鶯（褐色叢樹鶯）	褐頭花翼	冠羽畫眉
大彎嘴	小彎嘴	繡眼畫眉
台灣畫眉	台灣白喉噪眉（白喉笑鶇）	棕噪眉（竹鳥）
台灣噪眉（金翼白眉）	白耳畫眉	黃胸藪眉（藪鳥）
紋翼畫眉	栗背林鴝	台灣紫嘯鶇
台灣朱雀（酒紅朱雀）	台灣竹雞	赤腹山雀

CHAPTER 2

賞鳥必備裝備・望遠鏡

投入賞鳥活動前，最重要的兩樣必備工具就是望遠鏡與鳥類圖鑑。透過望遠鏡我們可以觀察到鳥類的特徵及細節，進而對照鳥類圖鑑，以辨識出所見的鳥種。

本章節望遠鏡及光學照片提供：MINOX GmbH.

攝影：呂翊維

單筒及雙筒望遠鏡

在許多的賞鳥活動中，常看到賞鳥人的胸前掛著一把雙筒望遠鏡，或是在水岸邊架設著一整排的單筒望遠鏡，為觀察自然環境中的鳥類而準備。雙筒望遠鏡有其攜帶上的便利及機動性，適合行進間或停駐時使用。

以高放大倍率為目的而設計的單筒望遠鏡，由於影像的入瞳直徑較小，輕微晃動即會無法清楚觀察，不適合手持觀測，需架設於三腳架上使影像穩定，使用上較不機動，因此多用於定點的生態觀察。

單、雙筒望遠鏡的差異

種類	單筒望遠鏡	雙筒望遠鏡
特徵	設計上是一個鏡筒，使用單隻眼睛來觀看。	由兩個鏡筒所組成，使用雙眼來觀察。
影像呈現	接收到的影像較無立體感。	使用時眼睛較為舒適，接收到的影像有立體感。
適用環境	較常使用於開闊的水田、河流、湖泊及潮間帶等環境，以觀察遠方的水域性鳥類。	常使用於高山、森林、溪流、草地及農地等。
使用方式及特性	由於水鳥活動範圍集中於水面及淺灘，觀察的垂直角度變化較小，以左右平移物鏡追蹤水鳥的觀察方式較多，屬於定點式觀察使用。	手持使用居多，使用時要注意手持的穩定度。也因此機動性高，適合移動範圍大及觀測角度多變的環境中。

認識望遠鏡的光學結構

一眼見到望遠鏡簡潔的外部構造時，多數人會認為其內部構造應該是簡單的；但是當看到其呈現內部的剖面時，便讚嘆這是多麼精巧的光學與機械結構之完美結合！

雙筒望遠鏡是利用一個中心連接軸，將兩個獨立的單筒望遠鏡，以平行的方式橋接成一把雙筒望遠鏡。每個結合在一起的部分都需要經過精密的調校，使得兩個單筒望遠鏡中原來獨立的兩個影像，完美地重疊成一個影像。這樣的構造就如同我們的兩個眼球能夠聚焦。前方的鏡組是物鏡，會吸收瞄準物體所反射回來的不同波長之光波，傳到望遠鏡的鏡筒中，鏡筒中的菱鏡會將之顛倒轉正，然後透過目鏡傳送到瞳孔，由眼睛接收影像並加以觀察。

單筒望遠鏡的結構則比較簡潔，通常搭配可變倍率的目鏡，且多半可以拆下更換不同倍率的目鏡搭配使用，主要有二種機身的形式，一種是直筒型（Straight），另一種為四十五度彎角型（Wide Angle）。

這兩種形式的單筒望遠鏡光學品質差異不大，但直視型單筒望遠鏡拆下目鏡後，透過特定的轉接環也可銜接單眼相機當作攝影鏡頭使用（只是拍攝品質不佳，而且相機觀景窗中的影像很暗，只適用於晴朗的天候下）。而透過四十五度的彎角型單筒望遠鏡來觀測樹上的鳥兒時，賞鳥者比較不必太過彎腰甚至以半蹲姿勢欣賞，會輕鬆一些。

倍率與口徑的差異

一般雙筒望遠鏡的規格表示為8×32、10×25、10×42……等，第一個數字為「放大倍率」，第

彎角式單筒望遠鏡

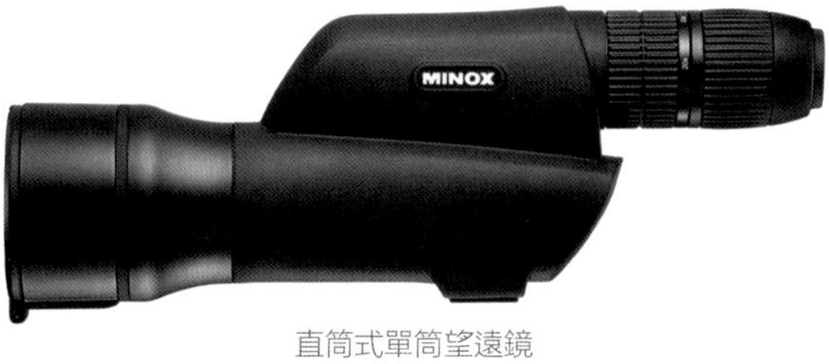

直筒式單筒望遠鏡

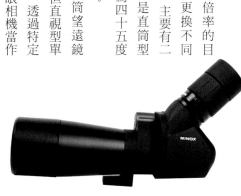

彎角式單筒望遠鏡可與拍照轉接筒、轉接環、單眼相機組合使用。

二個數字為「物鏡的口徑」，例如10×42的意思是放大倍率為十倍，物鏡口徑為42mm；8×32的意思是放大倍率為八倍，物鏡口徑為32mm……以此類推。倍率愈大，放大率愈大，視野愈狹窄；口徑愈大，代表進光量愈多也愈明亮，但是重量與體積也愈大。

這有什麼差異呢？倍率數字愈大，代表相同體積大小的觀測主體可以被看到的範圍愈小，也就是可以看到更大的細部面積，可是正因如此，倍率愈大的望遠鏡只能看到愈小的主體面積，例如相同大小的鳥兒，使用十倍的望遠鏡可以比八倍的看起來更大，但是只能看到較小的視野角度，鳥兒並不會乖乖站在原地不動，而是經常不斷地跳躍，高倍率的望遠鏡很容易便讓鳥兒跳離視野範圍之外，手持望遠鏡時也比較容易晃動，所以使用十倍的雙筒望遠鏡未必能比使用八倍的看得更清楚，加上體積與重量的影響，在需要長時間登山健行的場合，攜帶望遠鏡的倍率高低就要精打細算了。

單筒望遠鏡則因為倍率更高，口徑必須更大，使用二十至六十倍的目鏡搭配口徑60～90mm的機身是稀鬆平常的，適合觀測距離更遠的物體；但由於無法手持，必須搭配三腳架使用才能穩定機身。

光學產品的靈魂──鏡片

鏡片是光學產品的靈魂，好的鏡片可呈現出極高的透光率；反之則讓使用者觀察時感到眼睛不舒適。頂尖的光學玻璃鏡片來自於完美燒製的玻璃磚，及精湛的切割與研磨技術。何種玻璃磚能造就出完美的鏡片呢？它必須

賞鳥小知識

雙筒望遠鏡

倍率：倍率愈大，放大率愈大，視野愈狹窄。

物鏡口徑：口徑愈大，進光量愈多愈明亮，但重量體積愈大。

單筒望遠鏡

倍率：由可更換的目鏡決定。

物鏡口徑：口徑愈大，亮度愈亮，影像細節愈豐富，但體積及重量會增加。

沒有任何雜質、氣泡與筋紋，它的透明深度極深。該如何燒製呢？一般的建築用平板玻璃採用澆注法，冷卻後再加以烘烤並以強風再冷卻即成為強化玻璃，用於門窗或家具。藝術玻璃如琉璃工房之產品，小件作品約一至二週的燒製時間，大件作品則費時六至十二週燒製完成，過程中會導引出氣泡並降低筋紋，以提升作品的透明度。

頂級的德國光學玻璃工廠製作完美的玻璃磚則需燒製五十二週，透過傳承數百年的燒製經驗，累積出完美的燒製溫控圖。期間有不同的升溫、持溫、降溫及持溫之時間，使玻璃磚內沒有雜質、氣泡與筋紋，達成玻璃界最深的透明深度。有了完美的光學玻璃磚，才能製造出全球最頂尖的鏡片。

最接近物體的鏡片─物鏡

位於望遠鏡前方的鏡頭，是最接近物體的鏡片群組，因此稱為「物鏡」。物鏡接收觀察物體受光後所呈現出的輪廓、顏色及線條，為了呈現出極佳的色彩飽和度、明亮度、對比及銳利度，製造商通常會在物鏡組中放入二片或三片鏡片，甚至是四片鏡片，並將它們組合在一起。得到極佳的視覺效果，重要的技術就在於光學的運算，因此加入到物鏡的每個鏡片，無論是弧度、折射率及鍍膜，都會對觀看品質產生影響。

折射影像的媒介─菱鏡

望遠鏡前端物鏡所接收到的影像，必須透過菱鏡將影像多次折射及轉正後投射到目鏡。菱鏡的切割面會將光線折射，高品質的菱鏡切割必須達到精確的折射角度，沒有重影，而且影像邊緣沒有暗角。好的菱鏡反射面能夠將干擾影像品質的雜光降到最低。菱鏡的體積與型式和目鏡鏡片會共同影響所接收影像的視野範圍。

單筒望遠鏡。

輕便型雙筒望遠鏡。

最靠近眼睛的鏡片—目鏡

目鏡即接目鏡，也就是最靠近眼睛的鏡片組，由數個鏡片所組成的一個光學系統。它的功能就像一個放大鏡，接收來自於菱鏡的影像，目鏡將這影像放大並且做必要的處理，使投射到觀看者眼中的是層次豐富、色彩真實及銳利的影像。望遠鏡的放大倍率取決於目鏡的焦距。

眼睛與目鏡保持距離—目鏡罩

目鏡罩的設計是為了讓眼睛與目鏡保持正確的距離，確保使用者看到完整的有效視野。當裸視觀看時需將目鏡罩旋起，若戴眼鏡觀看則將目鏡罩降下。每個人的視力都不相同，視力狀況也會隨著年齡改變。一個品質好的望遠鏡必須達到裸視或戴眼鏡觀察時都能獲得完整的視野，因此較長的適眼距離之光學設計，搭配旋起式目鏡罩才能符合標準。

目鏡與眼距的配合

專業的雙筒望遠鏡都能讓使用者調整兩個鏡筒間的距離，以達到符合使用者的兩眼距離，才能讓使用者望向遠方景物時，成像圈趨近一個圓。每個人的兩眼距離都會有些許的差異，兒童與成人之眼距則差異更大。因此選擇望遠鏡時必須考慮到是否符合自己的眼距。

後焦點距離

所指的是使用者的眼睛到目鏡最外面之鏡片的最佳距離，當眼睛置於這個位置才能看到最大的視野。好的光學設計是當使用者無論是否佩戴眼鏡，都可看到完整的最大有效視野。

視野範圍

所有的望遠鏡都使用兩個單位來表達視野，一個是視角的度數；另一個則是在觀看一千公尺遠的景物時，所看到的圓徑中之

雙筒望遠鏡旋起目鏡罩時。

實際景物範圍，以公尺（M）單位來表示，數字愈大表示可看到的視野愈廣闊。

視差調整

大多數人的左右眼會有視差，例如一眼近視度數較深。因此望遠鏡製造商，為了讓大多數的使用者在望遠鏡對焦完成時，兩眼都能得到清晰的影像，而設計視差調整環於雙筒望遠鏡中。

銀色對焦轉鈕上有距離標示。

對焦

雙筒望遠鏡的對焦系統可分為兩種，一種為中心對焦轉輪系統，另一種則為雙眼獨立對焦。

入瞳直徑

望遠鏡所投射到眼睛的影像圓徑，稱為入瞳直徑。入瞳直徑的換算方式為物鏡口徑除以放大倍率。例如：8×25 望遠鏡的入瞳直徑是 25mm 除以八等於 3.125mm。10×25 望遠鏡的入瞳直徑是 25mm 除以十等於 2.5mm。8×42 望遠鏡是 5.25mm，10×42 望遠鏡是 4.2mm……以此類推。

入瞳直徑愈大，即傳達到瞳孔的影像圓徑愈大，瞳孔所能接收的亮度愈多。當入瞳直徑小時，進入瞳孔的影像圓徑小，若手持不穩定，則眼睛所感受到的影像晃動較為明顯，會降低觀察的影像品質。

因此在相同的材料及製造條件下，入瞳直徑愈大的望遠鏡，其影像品質較佳，眼睛觀看感受到的舒適度也較好。

瞳孔會在光線強烈時縮小，當光線昏暗時會放大，以此調節進入眼睛的亮度。因此當在昏暗處使用小口徑望遠鏡觀察時，所能接收到的亮度較小，而大口徑的望遠鏡則能提供較高的亮度及較多的影像細節。

密封與防水的結構

市面上的望遠鏡一般可分為不防水、防潑水，及具有一米至五米不同防水深度的結構。防水深度愈深的望遠鏡其密閉性愈高，通常也會充填入氮氣或氬氣，使外部氣體不會滲透進筒內，內部的光學及機械系統不易氧化，這種規格的望遠鏡在正常使用情況下，使用年限往往超過十年甚至數十年，且影像仍然清晰明亮。

鏡片上的薄膜—鍍膜

鍍膜是位於鏡片上的薄膜，它的製造方式是在一個真空環境中將金屬氧化物及氟化鎂等化學原料蒸鍍到鏡片表面。它們的厚度往往只有百萬分之一釐米，蒸鍍的過程複雜且費時，目的是盡可能讓所有的光線穿透鏡片與菱鏡，避免光線被鏡筒中的鏡片與

雙筒望遠鏡內部結構。

菱鏡干擾而形成亂反射，進而使影像可完整傳導到我們的眼睛。沒有鍍膜的鏡片就如同我們在街頭所看到的建築或櫥窗用玻璃，它們沒有鍍膜，因此可以看到我們的影像反射在這些平板透明玻璃的表面上。

雙筒望遠鏡機體外部。

機體材質

光學望遠鏡所使用的材質有ABS塑膠、鋁合金、鎂合金及聚碳酸酯材質等。使用這些材質的主要目的都是為了輕巧且堅固。其中鎂合金的機體材質可以達到質輕且堅固，但價格往往是最高。鋁合金會較鎂合金的機體重些，但價格較其便宜。聚碳酸酯是近年望遠鏡新採用的材質，這種材料以往廣泛地使用在防彈盾牌上，目前也有國際知名的旅行箱品牌採用。筒身外部多數則採用高韌度且防滑的橡膠材質，以提供良好及扎實的握感，並可增加外部的吸震能力。

超低色散技術

使用超低色散鏡片對望遠鏡的貢獻主要有三種：

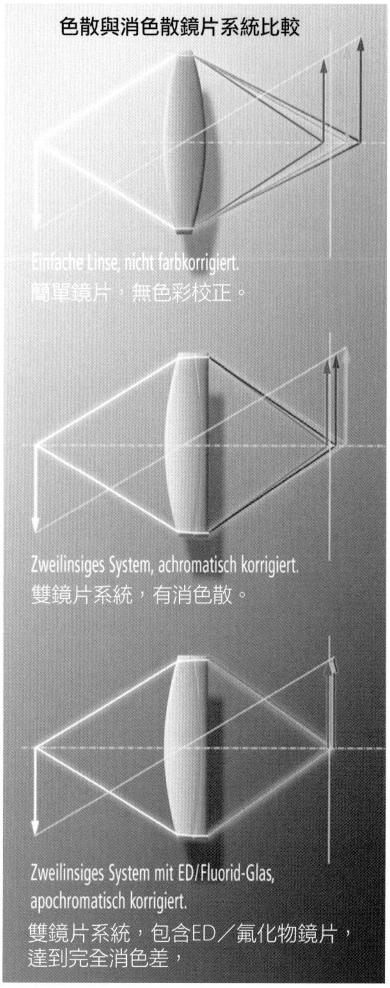
色散與消色散鏡片系統比較
Einfache Linse, nicht farbkorrigiert.
簡單鏡片，無色彩校正。
Zweilinsiges System, achromatisch korrigiert.
雙鏡片系統，有消色散。
Zweilinsiges System mit ED/Fluorid-Glas, apochromatisch korrigiert.
雙鏡片系統，包含ED／氟化物鏡片，達到完全消色差，

1. 更豐富的色彩表現
2. 更多的暗部層次
3. 減輕光學結構重量

當光線經過鏡片時，光線會因不同的波長而產生不同的折射率，色光的三原色會聚集在不同的焦點上，這就產生了所謂的「色差」，它會嚴重影響畫面的清晰度及色彩表現。當望遠鏡的放大倍率愈高時，它的色差狀況就會愈嚴重。概略地說，當望遠鏡的放大倍率高於十倍時，就有修正色差的必要。

光學設計工程師想盡各種方法，以降低色差所帶來的負面影響，在沒有ED鏡片出現之前，固然可以用傳統的光學鏡片達到降低色差的目的，但是這需要使用較多的鏡片，使望遠鏡變得又大又重。

非球面技術

非球面鏡片對望遠鏡的好處則表現在二方面，分別是提升畫面解析度，以及消除畫面邊角的鬆散現象。非球面鏡片運用在攝影鏡頭上已有十幾年的歷史了，特別是使用在大光圈的廣角鏡頭上，更能有效提升畫面四周的影像品質，但由於非球面鏡片的生產流程耗費成本盛鉅，因此想要獲得如此優異的影像，其成本代價相對較高昂。

但對於望遠鏡的光學品質而言，這種運用在相機鏡頭上的非球面鏡片更是有效。因為傳統球面鏡片都會產生「球面像差」的情況，導致畫面有些微的模糊，尤其是在畫面的邊緣，其現象就更加明顯。原因是傳統球面鏡片的光軸，距離畫面中央與邊緣的長度並不一樣，因此也就無法避免畫面鬆散的現象；而使用非球面鏡片可調整光軸距離，將視野焦點集中於同一平面，所得到的都會是銳利、層次豐富與細膩的清晰影像。非球面鏡片除了上述的優點外，還可以減輕望遠鏡的重量及縮小整體鏡頭體積。

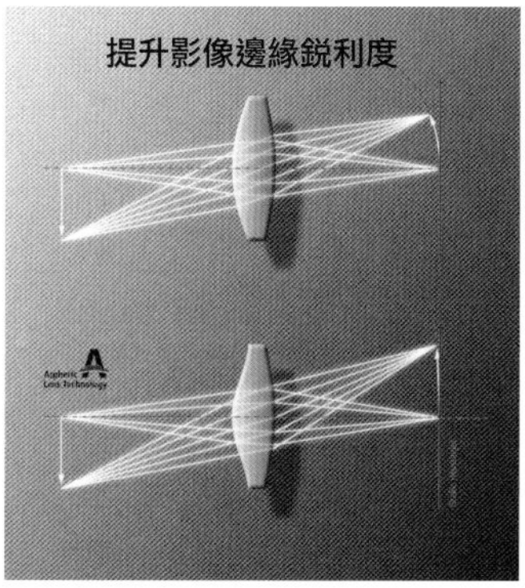
提升影像邊緣銳利度

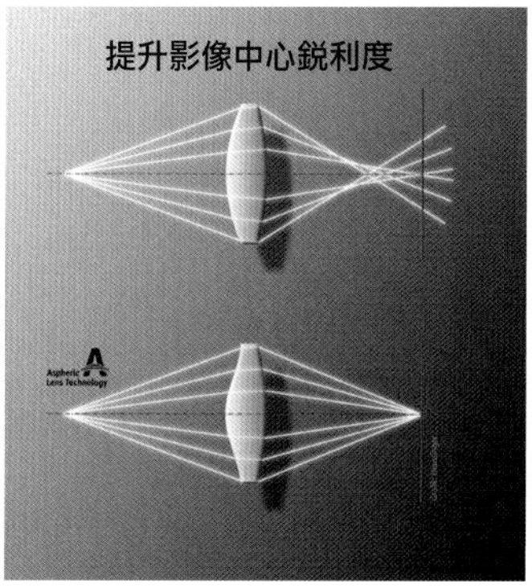
提升影像中心銳利度

正確操作望遠鏡的方式

一般人對望遠鏡的使用方式並不太熟悉，在這裡我們將分享正確操作望遠鏡的方法。

雙筒望遠鏡

1. 首先望遠鏡在攜帶上要將背帶調整到**適宜的位置**，約在胸部以下肚臍上方的位置，以便在拿起時順手又快速。
2. 在觀測前必須將望遠鏡做適合個人使用的調整，首先以壓折方式來**調整望遠鏡目鏡的左右寬度**以適合兩眼距離。
3. 若您沒有戴眼鏡，請將望遠鏡眼罩旋起。若您有戴眼鏡，目鏡罩則不需要旋起。這個動作是為了**使瞳孔與目鏡的距離正確**，使觀測時有完整的視野。
4. 由於一般人的左、右眼總會有些許的視力差距，為了使雙眼能在對焦後同時看清楚觀測主體，在觀測前必須**調整右眼視差**以配合左眼。

調整的方式：先閉右眼調整對焦環至左眼看清楚主體，再閉左眼調整右方視力曲度調整環，以使右眼看同一主體也清楚。當以上動作完成後，這支望遠鏡就是專屬於個人使用的望遠鏡，接下來可以盡情地尋找美麗生動的自然生態進行對焦及觀測。

1

2

3

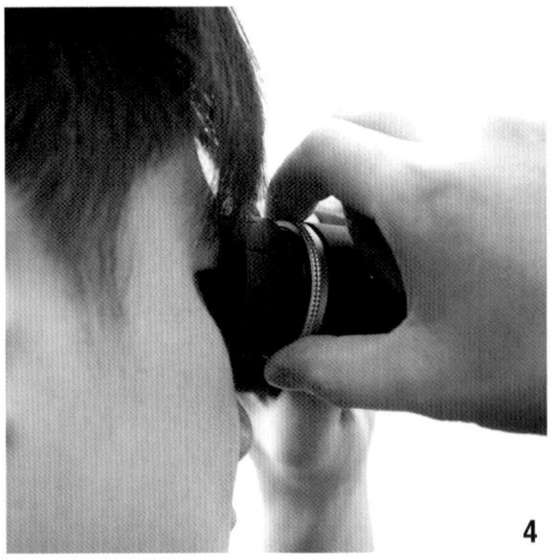
4

1

2

3

4

單筒望遠鏡

一般雙筒望遠鏡使用於鳥類搜索及觀察上，放大倍率大多集中於八倍或十倍，少部分的機款有十二倍或更高。當需要再近一步看到更仔細的鳥類細節時，便需使用高倍率的單筒望遠鏡。一般生態觀察使用約十五倍到六十倍之間，各個廠牌有不同的倍率範圍可供選擇。單筒望遠鏡在使用時需注意下列幾點：

1.由於倍率高，影像容易震動，加上機體較長不易手持，因此為了消除震動及不使望遠鏡不慎摔到，**架設在穩固的腳架上**是有必要的。

2.若您沒有戴眼鏡，將望遠鏡眼罩旋起。若您戴眼鏡目鏡罩則不需要旋起，這個動作是為了**使瞳孔與目鏡的距離正確**，使觀測時有完整的視野。

3.若使用可變倍率式單筒望遠鏡（如圖中示範的機種），擁有二十倍到六十倍的可變倍率，當開始觀測時先以較低倍率的二十倍來搜尋並進行對焦，待找到主體後，再旋轉變倍環到六十倍觀測主體細節。

4.當要上下左右掃視遠方主體時，則可**調整腳架上的各部轉軸旋鈕**。

5.觀測位置的選擇需以安全並且不會干擾到野生動物的位置來觀測。

5

其他活動使用的望遠鏡

在日常生活中使用望遠鏡，無非就是為了滿足自然觀察、野外調查及觀賞活動等需求，然而不同的使用需求所用的望遠鏡規格也有所不同，並非一把望遠鏡就能滿足所有的需求狀況，但要如何選擇適合的望遠鏡呢？首先我們該先了解自己使用望遠鏡的用途，如觀賞鳥類、表演藝術欣賞、旅遊登山及昆蟲觀察等。

藝術欣賞

表演藝術欣賞的空間往往是優雅的環境，加上不會攜帶太多物品，且觀賞距離較近，因此選擇六倍或八倍的望遠鏡即可。例如8×16口袋型單筒望遠鏡僅一百零五公克，它擁有小巧外觀且容易單手握持及對焦，是此類望遠鏡的特色，相當符合藝術欣賞時所需的優雅風格。

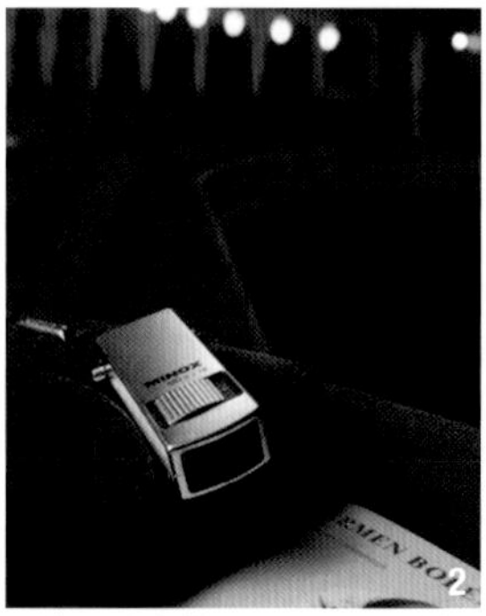

1.微距望遠鏡。2.口袋型單筒望遠鏡。

戶外旅遊

旅遊或登山活動時通常以不增加太多行李的重量為原則，且容易放入口袋內來收納作為考量，因此在選購上便可以輕便的雙筒望遠鏡為主，通常此類望遠鏡的物鏡口徑約在25mm左右，放大倍率以八倍或十倍為宜，重量也在三百公克上下，旅途中隨身攜帶，隨時欣賞美景。

生態觀察

觀察昆蟲時，往往距離目標物種較近，此時望遠鏡的最近對焦距離就很重要，通常要求在五十公分內，以便近距離觀察到細節，昆蟲的特徵也需要近距離的對焦來觀察，此類望遠鏡必須能使物體上的灰塵都清楚呈現，才能達到昆蟲觀察的使用目的。

如何選購適合自己的望遠鏡

由於每個人的視力狀況、兩眼距離、眼窩深度及握持穩定度等皆不相同，因此購買前需先於店內試用，以便找出適合自己的望遠鏡。以雙筒望遠鏡為例，下列幾個因素是購買前必須考慮的：

1. 兩個**筒距的寬度**是否能符合自己的兩眼寬度？例如兒童的兩眼距較小，尺寸太大的望遠鏡就不適合。

2. **調整視力曲度調整環**後，透過望遠鏡兩眼是否能同時看清楚一個目標？習慣裸視的使用者，若兩眼視差過大且超過光學望遠鏡可調整的範圍，則需戴眼鏡觀看。

3. 觀看時需注意**成像圈必須完整沒有黑影**。檢視方法為當裸視觀看時，將目鏡罩旋起後貼合眼窩觀看；或戴眼鏡觀看時，將目鏡罩旋降後貼合眼鏡鏡片觀看。

4. 食指是否能**順暢地推拉對焦轉輪**？先朝向遠方目標並對焦，再朝向近處目標並對焦，感覺食指推動及拉動對焦輪的力道是輕鬆的。

5. **放大倍率**是否符合雙手握持時觀看的穩定度？多數鳥類保育及觀察專家所購買的雙筒望遠鏡以八倍及十倍居多。而賞鳥入門者以八倍為主，因八倍的視野較廣，便於搜尋，較容易將野鳥涵蓋到望遠鏡的成像圈內。其倍率比十倍小，手持觀看時影像的穩定度比十倍好。

6. 由於十倍的倍率較高，因將野鳥的影像放大可看到更多細節，但當**手持穩定度**不佳時，畫面的晃動也會造成不易觀察細節，同時視野也較小，初入門的賞鳥者較難將鳥納入成像圈內。

7.雙手是否可**輕鬆握持**？選擇機體外層以橡膠包覆的望遠鏡，握持時手部與橡膠間的附著力佳，不易滑出手中，長時間握持後，手指與手掌較不會感到痠痛。好的外型設計也可提升握持時的牢靠性，例如中空架橋式的設計，單手即可輕鬆握持。同時有橡膠包覆機體的望遠鏡，可降低碰撞時的聲響，並可緩衝撞擊時的力量，達到保護機械及光學結構的作用。

中空架橋型雙筒望遠鏡。

8.是否會在較**昏暗的環境中使用**？若考慮在清晨或黃昏入夜前觀看，於森林深處或山谷中使用，則需以中型（30～33mm物鏡口徑）或大型（40～50mm物鏡口徑）為優先考量。

9.選擇有**防水**並且**筒內充填氮氣或氬氣**的望遠鏡。賞鳥的活動範圍廣大，從低海拔到中高海拔或從平原海岸等，過程中望遠鏡需經歷大氣壓力及溫度的變化，若鏡筒沒有密封及氮氣或氬氣充填於筒內，便容易讓水氣侵入望遠鏡內，造成觀看時有朦霧感。水氣長久聚積筒內時會造成內部鏡片面產生黴菌絲，終至無法觀看。有密封及充填氮氣或氬氣的望遠鏡，筒內壓力穩定且乾燥，可防水且抵抗水氣入侵，並長久保持觀看時的清晰度。

10.觀看有紋理線條及色彩的物體，檢視**銳利度**、**色彩自然性**、**飽和度及影像是否變形**。

11.檢視雙筒望遠鏡之光軸是否精確？首先可先平視遠方物體、觀看近處物體、仰視高處物體及俯視低處物體，於每次對焦觀看時需無雙影像重疊之情況，需看到單一且清楚的影像。**光軸精確**的望遠鏡，在檢視觀看過程中不會感到頭暈或頭痛。

12.觀看微暗處，檢視是否能看到

頂尖光學望遠鏡甚至用原木盒作為包裝。

微暗處的物體。在光學設計、結構、材質及鍍膜相同的情況下，口徑愈大的望遠鏡，對**暗部細節**的光影色彩傳導能力會愈強。

13.望遠鏡的機體材質是否**堅固耐用**？鎂合金機體材質包覆橡膠，以堅固輕巧為訴求，採用於高單價的望遠鏡。鋁合金機體材質包覆橡膠，以堅固為訴求，重量比鎂合金重，但多數價格比鎂合金望遠鏡便宜。另一個堅固的材質是聚碳酸酯（Polycarbonate），俗稱防彈橡膠，比ABS或PVC具有更加耐撞擊、耐磨損及耐熱等的穩定特性，且重量比採用鋁合金材質的望遠鏡輕。以上三個材質可說是當前望遠鏡的主流。

14.檢視**配件**是否包含可久背的舒適寬型背帶及攜帶包？賞鳥通常會花比較多的時間，會在山林、濕地以及其他自然野地行走及等待，因此舒適的背帶及放置望遠鏡的攜帶包都是需要的。

15.是否有**保固**及**售後服務點**？一般市售的望遠鏡保固期限從一年、兩年、五年或十年。但人為造成的損壞就不屬於保固，必須自行付費維修。交通方便的售後服務點可列入考慮。

16.具有**歷史的品牌**，代表著光學技術的傳承及進步，可列入選擇。

1.外部包覆橡膠的望遠鏡可防滑手，降低掉落的風險。2.配件中含有減壓寬背帶，可減輕使用者久背的不適感。3.筒內密封充填抗霉氣體的望遠鏡，即使在濕度很高的熱帶雨林，水氣也無法侵入。

如何正確地保養望遠鏡

很多人不知道當望遠鏡不使用時該如何保養，該放在哪種環境，或任由鏡片上的油脂及沙塵累積，不知鏡片或機體髒污時該不該擦拭，該使用何種清潔工具，因而造成光學品質下降，產品使用壽命縮短。

好的望遠鏡加上正確的清潔與保養，不但可以常保極佳的操作性及影像品質，更可讓望遠鏡使用壽命達到最久。

使用過後的保養

可先以吹球將望遠鏡鏡片、機體上及目鏡罩杯內等處之沙塵先吹除，再以超細纖維的拭鏡布或專業的鏡頭清潔筆將鏡片表面上的指紋、水斑及髒污等擦除。若鏡片表面的水斑或油斑已經風乾無法擦除，則可對著鏡面表面哈氣使產生一層薄薄的水氣可軟化風乾的水斑等，再將之擦除。

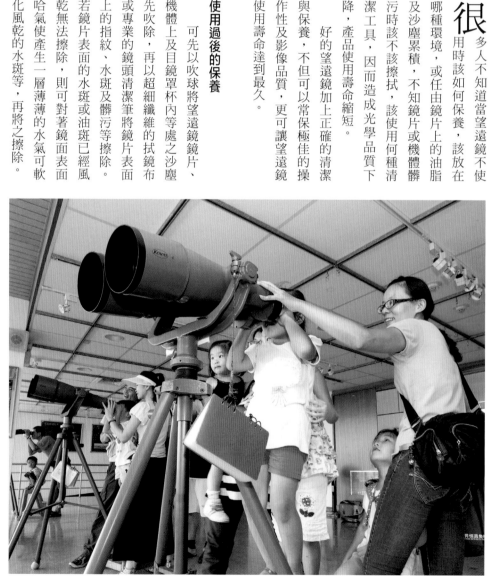

使用拭鏡布前檢視是否含有沙粒等異物在布的表面，以避免刮傷鏡片表面之鍍膜。機體表面的手汗或髒汙，可使用微濕的軟布擦除。

放置望遠鏡的最佳環境

放在電子防潮箱內，並將溼度控制在50%左右，電子防潮箱非常省電，可終年插電。將望遠鏡從專用的攜帶包內取出再放入防潮箱。若放在塑膠製的密封防潮盒，放入乾燥包，定時檢查乾燥包是否吸飽濕氣，當吸飽膨起時需更換新的乾燥包。

電子防潮箱。

在賞鳥區時清潔望遠鏡

由於鏡片表面的指紋、水斑、水氣及髒污等都會使望遠鏡的影像品質降低，然而若在賞鳥區使用吹球吹氣，產生的聲音會嚇飛敏感的野鳥，因此可使用專業的鏡頭清潔筆，先以一端的羊毛刷將鏡片表面的沙塵刷除後，再以另一端的獨特碳化合物清潔頭，在鏡片表面輕壓並以打圈方式將指紋、油脂及髒污吸收並擦除。

光學鏡片清潔要領

首先必須將鏡片表面硬質的沙粒及塵埃以羊毛刷刷除或以吹球吹除，再以清洗數次且表面沒有硬質微粒的拭鏡布，或以專業的鏡頭清潔筆將指紋及髒污擦除。若髒污長期聚積於鏡片的表面，易孳生黴絲傷害鍍膜，髒污聚積愈久愈難清除。

專業鏡頭清潔筆。

CHAPTER 3

拍攝野鳥的基本認識

鳥類攝影十分具有挑戰性，需憑靠精湛技巧、耐心及運氣才可能成功。首先最該認識鳥兒周遭的生態環境及其習性，並且學會運用各種光圈、快門等攝影技巧，進而實際操作練習，捕捉野鳥自然生動的美麗身影。

BENRO

具挑戰性的鳥類生態攝影

野鳥經常被暱稱為山野的精靈，不只是因為牠們的美麗，更重要的是，在野外鳥類數量的多寡與種類通常是環境生態健全與否的重要指標。目前生態旅遊已日漸興盛，透過望遠鏡，我們得以輕鬆地觀察牠們多采多姿的生活，但是若說到鳥類生態攝影，不但裝備複雜貴重，實際拍攝的過程更是得備嘗艱辛，十分困難。

鳥類攝影是非常具有挑戰性的主題，能夠在野外找到特定的主角已屬不易，還要兼顧影像品質及內涵則更難，這得靠精湛的技巧以及「福氣」才可能成功。

不過首先拍攝者要具備鳥類及其周遭生態環境的相關知識，唯有如此才能夠找到最佳的拍攝時機與構圖內容，如鳥兒的精神狀態、活動範圍的光源分布以及自身的安全等。

基本上，鳥類生態攝影的作品應完整地傳達主角與其所依存的生態環境之間的互動真相，而完全不加以人工干涉，使得觀者能夠藉由圖像明白事實的現狀，進而欣賞到鳥兒生動的表情與動作，神遊於牠們的世界之中，這才是一張成功的鳥類生態照片；只是初次進入鳥類攝影的領域時，能夠拍到一張清楚的野鳥「大頭照」就已屬不易，更遑論成功的生態作品了。因此野鳥攝影大師級的人物都具有豐富的生態學知識及高人一等的「鳥功」，這包括了耐力與創意，有志者應先加強這方面的修為，再追求畫面意境的美感。

我們投入野鳥拍攝前，應對鳥類行為有充分的觀察與了解，時時關心鳥類的生存福祉，以不傷害、不干擾鳥類及自然環境為拍攝之最高原則。除了不可大聲喧嘩及不使用閃光燈外，我們在自然保護區或國家公園等地拍攝時，需注意不要擋住其他人行走的路徑，更不可有剪枝除草等破壞環境的行為。很多好的野鳥攝影作品，是拍攝者歷經長期的觀察與拍攝而累積出來的；透過入微且深刻的觀察得以了解鳥類的習性與動態，有助於拍攝出鳥類最動人的自然行為。

賞鳥小知識

為了求得與環境融合已防被鳥兒發現，通常在拍攝過程中還要將自己與器材隱藏起來，巧妙的偽裝可使得拍攝成功的機會大增。

光圈、快門及 ISO 值的組合運用

在野外的鳥類無論是覓食、跳躍、飛翔、休息或鳴叫，多數時間總是動個不停，因此要將鳥類美麗的身影與動作拍攝成功，則需有正確的拍攝參數設定，才能拍攝到清晰凝結動作及曝光正確的美麗照片。

光圈

鏡頭的規格中，最大光圈值愈大的鏡頭即代表入光量愈大，光學品質愈好，也被稱作為是高速的鏡頭。例如長焦段的定焦 400mm F2.8 鏡頭即為最大光圈值 2.8 的高速鏡頭，與相同品牌的 400mm F5.6 同焦段的鏡頭比較時，F2.8 的鏡頭影像品質較高，當然啦！一分錢一分貨，相同焦段的鏡頭最大光圈 F2.8 的鏡頭價格也是 F5.6 的鏡頭之價格的數倍。當我們將光圈設定在 F2.8 拍攝野鳥時，所得到的快門速度會較最大光圈 F5.6 的鏡頭之速度快四倍，因此野鳥的動作可被高速快門凝結，使拍攝成功率提高。

在單一鏡頭的使用技巧上，縮小光圈可使我們獲得較佳的影像品質及較深的景深，即清楚的深度範圍增加，例如從鳥兒的啄尖端至尾部皆清楚。但由於縮小光圈時快門速度會變慢很多，因此先決條件是必須有足夠的光線，讓慢速的快門速度仍然能夠在捕捉影像時凝結住野鳥的動作。當光線條件不足時，則需提高 ISO（感光度）的設定，在光圈不變的情況下，快門速度就可提高。

快門

當鳥類停駐在地面或較粗的枝頭休息時，較低的快門速度如 1/125 秒即可拍攝到沒有震動的清楚影像。但當鳥類停駐在細枝

1. 為了取得較清晰的畫面，凍結野鳥的瞬間動作，所以盡量使用高速快門，但也因此必須使用較大光圈值，使景深較淺，背景模糊。2. 溪谷中的光線較弱，鳥兒動作又快，必須盡量使快門速度提高，以凍結鳥兒的動作；同樣景深較淺，背景模糊。

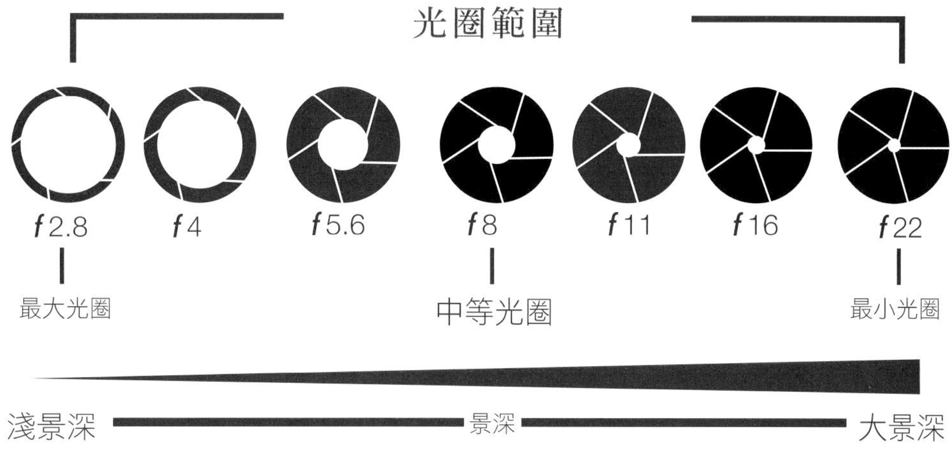

且隨風擺盪時，必須以較高的快門速度如1/1000秒以上，才能將晃動的影像凝結成清楚且沒有拖影的照片。

拍攝飛行或跳躍中的野鳥時，則需大約1/4000～1/8000秒的快門速度來凝結動作，如飛行中的鳥類為中大型且振翅速度慢時，也許可採用1/2000秒左右的快門速度；小型且振翅速度快的鳥類，則以1/6000秒左右的快門速度拍攝為佳。

在同樣光線強度及光圈不變之情況下，ISO（感光）值設定愈高則快門速度可愈快，反之則快門速度愈低。愈高的快門速度手持拍攝的成功率則可提高，低速的快門則需搭配腳架及快門線以便降低震動，提高穩定度及成功率。

ISO（感光）值

愈高的ISO值可使影像擷取速度加快，但成像後的數位畫素之雜訊較粗，畫質細膩度會降低，但是此舉可提高快門速度，或快門速度不變之情況可縮小光圈獲得較深的景深。設定為較低的ISO值可使成像的數位畫素之質感較細緻，在快門速度不變的情況下，光圈必須放大，以鏡頭的光學解析度來說，當光圈放到最大時，鏡頭的光學成像品質會最低。

在使用以上三個重要設定參數時，需考量拍攝的主題之表現重點。例如必須凝結高速的動作則以高速快門為優先，若要使景深較深則需縮小光圈，要求細膩的數位成像畫質則需盡量降低ISO（感光）值。

1. 在較弱的光線環境下拍攝游動中的水鳥，為了維持快門速度不降低（以免畫面模糊），鏡頭光圈值又不夠大的時候，就必須使用高ISO值提高感光鏡頭與機身的搭配度，雖然有拍到畫面，但是畫質較粗糙。
2. 為獲得較細膩的畫質，ISO值都盡量保持在最佳呈現畫質的範圍內，使用較低的ISO值（感光度）通常可以得到較好的畫質，但感光度下降的結果，在相同的亮度條件下，就會讓快門速度變慢，或是得加大光圈值（如果鏡頭的光圈夠大的話）。

鏡頭及機身的完美搭配

當代的單眼數位相機系統是將數位機身及光學鏡頭完美的結合！以不同畫素的機身搭配定焦鏡頭，或搭配變焦鏡頭，皆可組合出不同的拍攝結果。當我們有正確的搭配觀念，可用有限預算組合出最佳的CP（Cost and Performance）值，可稱此為最佳的性能及價格比。下列以市面上感光元件較大的數位單眼相機系統及部分鏡頭為例：

單眼相機的畫素及感光元件尺寸

全片幅之感光原件 + 高畫素
= 最高的數位影像品質。

APS 尺寸之感光元件 + 高畫素
= 高數位影像品質。

APS 尺寸之感光元件 + 中等畫素
= 普通數位影像品質。

全片幅以下可換鏡頭之相機，不同感光元件的大小

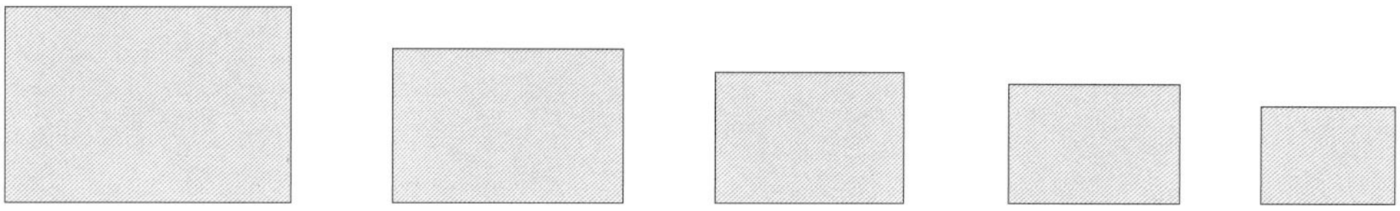

35mm FULL FRAME 36×24mm	APS-H (1.3X)	APS-C (1.5X)	APS-C (Canon) (1.6X)	4/3 (2X)

定焦及變焦鏡頭

定焦 + 大光圈 = 最高光學影像品質

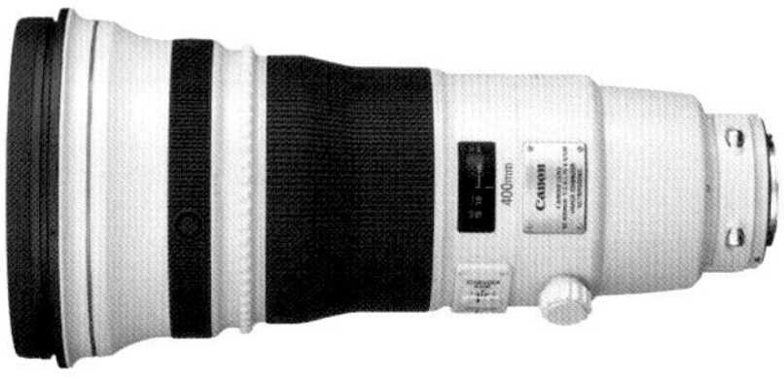

定焦 + 小光圈 = 高光學影像品質

變焦 + 恆定大光圈 = 高光學影像品質

變焦 + 非恆定光圈 = 普通光學影像品質

說到攝影器材的選擇，實在是族繁不及備載，這裡僅就最常見、最易取得的 135 規格的攝影器材種類略作說明。

機身

相機的機身在過去有所謂電子式與機械式的差別，機械式是指機身的快門動作不需消耗電力，而且快門與光圈的控制調整完全靠拍攝者手控操作，用來創作最合適不過，優點為堅固耐用，不論身處極寒或是酷熱的環境之下，都不易故障，而且即使沒有電力仍可操作，其內置電池僅供測光表使用，最適合野地與戶外的環境。

不過目前在市場上已經極其少見，大概在二手市場上還看得到一些，多半為早年生產遺留至今，至少已經二十年了，可見得多麼堅固耐用。不過這類相機都必須使用傳統軟片，以現在的眼光看，這也算是古董了，不但不易買到，就算買到也價錢不低，而且拍攝完畢還得經過沖洗顯影、使用相紙放相等一連串步驟才看得到最終的影像，商業性質的軟片沖洗店幾乎已經絕跡了，以現在的眼光來看，真是頗為麻煩；不過對有些愛好者來說，這種才算有「玩到」的感覺。

而當前主流的數位單眼相機（DSLR）的優點極多，不但功能多，使用相當便利，主要的優點為拍攝後立即可以檢視畫面，還可以隨時刪除，現在的記憶卡容量達 64G 的 CF 或 SD 記憶卡已經很普遍，價格也愈來愈低，只要多帶幾張卡片，完全不必擔心容量不足的問題。只要相機電池還有電的話，幾乎可以隨意按快門而不必擔心，反而是拍得數量太多，回家後得花不少時間檢視，以及如何儲存與管理這些大尺寸的數位檔案。這表示拍攝者除了攝影器材之外，還得投資高效能的電腦與儲存裝置周邊設備。

現在就算一般等級的 DSLR 曝光值的設定也有多種模式，並且可視拍攝狀況自動控制，使用者可以不加思索只要看著觀景窗的景物即可，較高級的機種能夠快速的自動對焦與超高速的連拍數度（頂級機種的連拍速度即使是拍攝 RAW 格式也能高達每秒十張），一般情況也相當準確。不但如此，中階以上等級的機種，其可用 ISO 值隨便都有 2000 以上，有些頂級機種的 ISO 值更可達五位數字，幾乎已經沒有什麼過暗的場合不能應付，因此廣受歡迎。只是此類機型體積較大且重，不過用於拍攝鳥類生態的鏡頭體積通常也不小，又必須搭配相對穩定的三腳架與雲台，所以也就顯得無所謂了。

高階專業級單眼數位相機，堅固耐用，畫質高且操作性佳，可搭配的鏡頭齊全。

高階類單眼相機，畫質不錯，每秒連拍已達 12 張，並有光學防手震，無法更換鏡頭。

賞鳥小知識

近年來市面上推出各種類單眼且長焦段的相機，同時為了改善畫質也紛紛將 CMOS（主動像素感測器）的尺寸提升到 1 吋甚至 1.5 吋，以提高解像力及細膩度。同時類單眼相機往往採用數位觀景窗，捨棄了使用反光鏡的設計，減少拍攝時反光鏡升起的震動，也提高了連拍速度，更降低了拍攝時產生的快門聲，也非常適合使用於野鳥攝影。

由於 1 吋的 CMOS 還是較數位單眼相機的全幅或 APS 規格之 CMOS 小，在設定高 ISO 值拍攝時畫質的細膩度較不足夠，因此可盡量使相機穩固如架腳架及安裝快門線拍攝，增加穩定度及畫面凝結度，同時也盡量降低 ISO 值，以提高細膩度。

鏡頭

鳥類通常不易接近，使得拍攝者不得不使用長焦距鏡頭，尤其是拍攝水鳥。這類鏡頭都是重量級的傢伙，焦距長、口徑大，再裝上個遮光罩，著實聲勢驚人，這就是一般所謂的大砲」。此類鏡頭的身價不低，而且體積既大又重，外出攜帶甚為不便，若是要背著這樣的「大砲」上山下海追蹤鳥影，肯定是苦差事一樁。但是以鳥類攝影而言，擁有大光圈與長焦距的「大砲」確實能為人所不能，所以它仍然受到許多生態攝影家與運動攝影者的青睞。通常焦距在 400mm 以上的大光圈鏡頭都有資格被稱為「大砲」。

不同的場合所適用的鏡頭並不相同，所以炮管也有大小之分。焦距 600mm 以上的超重量級鏡頭較適合在開闊的地形使用，例如在河口、潟湖等濕地拍攝水鳥。因為環境開闊難以掩蔽，而且水鳥的棲息位置也不容易靠近，此時若擁有愈長焦距的鏡頭就愈容易抓住牠們的神情；而山鳥的棲地環境就不太適合使用太長的鏡頭，除了地形崎嶇不便操作之外，通常也因為山林間的環境較容易掩蔽而可以接近，透過適當的偽裝甚至可逼近鳥兒至極近的距離，所以不一定要使用很長的鏡頭。不過一般山鳥所棲息的環境較複雜，可能是濃蔭下或是灌叢間，光線狀況不易掌握，所以這種情況下還是以使用大光圈鏡頭較為有利。

在選擇長焦距的鏡頭時，不論任何廠牌或機種，都必須注意是否有消色差的設計。這是因為光線的三原色（B藍色G綠色R紅色）彼此的波長並不相同，所以當光線通過鏡頭時會產生聚焦點不一致的現象，愈長的鏡頭這樣的現象就愈明顯，所以高級的鏡頭必須有消色差的設計來克服色散的問題，尤其是對超望遠鏡頭而言，這是一項重要的品質指標。再來就是自動對焦的功能是否夠用，不過這些大傢伙的對焦速度就算夠快，也不一定任何時候都很準，所以最好是具有在自動對焦動作的同時，仍然容許手動微調，比較不易出錯。

各項配件與運用

除了相機及鏡頭本身，增加輔助拍攝的器材可增加成功率並提升照片的品質。

腳架及雲台

常常我們總是會看到一群大砲架在腳架上，鏡頭對著相同方向拍攝野鳥。由此可知腳架對於鳥類攝影的重要性。當前許多人使用碳纖維腳架，主要考量是攜帶上較為輕巧。然而若考量到更高的穩固性，可使用鎂合金及木質腳架，但重量較重。

雲台的型態有球型自由雲台、三向雲台及單桿雙向調整式油壓雲台。自由雲台操作方面較為快速，只需轉鬆主旋鈕即可調整俯仰、左右及平轉。三向雲台有三個旋鈕分別固定三個方向的調整，操作上較為繁瑣，適合用於中短焦段且沒有鏡頭固定腳架環的鏡頭。許多拍攝野鳥者使用的雲台是單桿握把式，可控制雙向調整的油壓雲台，並搭配超長快拆板以保持相機及長焦段鏡頭的平衡。

適當的腳架不一定要非常粗大，只要在加裝雲台後有足夠的穩定度即可。使用超望遠鏡頭時，通常經驗豐富的行家都會在現有的雲台上加以改裝，可達到令人滿意的穩定度，因為當大砲裝上機身後，即使是鎖緊在雲台上仍然是十分容易震動的，只要手指稍微碰觸一下就會對影像清晰度造成影響。如何維持鏡頭在腳架上的穩定度是十分重要的課題，因此才會有人在使用超望遠鏡頭時甚至動用第二支腳架，可見這種攝影題材要獲得完美的作品是多麼的不容易。

當然，運用將機身的反光鏡預鎖的技巧與快門線的利用，也能夠改善影像震動的問題，可是這樣做的缺點是當反光鏡預鎖時，直到按下快門鈕之前會看不到影像，這樣要拍攝活蹦亂跳的小鳥幾乎是不可能的，除非這隻鳥正在休息。

加倍鏡

水鳥多數棲息於開闊的河口或濕地，由於不易接近，拍攝距離可能很遠，因此使用加倍境的機率很大。加倍鏡有一・四倍與二倍兩種規格，使用加倍鏡可以將鏡頭的焦距延長一・四倍或二倍，但是副作用為光圈因此縮小一・四級與二級，而且影像品質也會降低。使用與否端視現場條件而定，甚至有人同時裝上兩支加倍鏡使用，可是如此光線的損

1

2

3

1.長焦段鏡頭可使拍攝者保持在不干擾野鳥的距離。2.使用穩固、抓地力佳及具備防滑套件的三腳架，可克服各種惡劣地形。3.以電子快門線擊發快門，不會產生手指按壓相機快門鈕的震動。

1.4倍加倍鏡頭。

2倍加倍鏡頭。

攝影：呂翊維

失非常大，同時還要考慮容易震動、空氣透明度等問題，是否有此必要也就見仁見智。

電子快門線及快門遙控器

即使是按快門的動作也會產生震動，而降低影像的凝結度。為了將拍攝過程中的震動降至最低，通常會以快門線連上相機來拍攝，另一個方式是使用無線的快門遙控器，但遙控器的靈敏度是需要考量的。以靈敏度及操作的順暢度看，電子快門線是較佳的選擇。

迷彩偽裝套

當我們穿著與大地色彩相同的服裝從事野鳥攝影時，可同時將相機及鏡頭都套上迷彩偽裝套。穿著與裝備的偽裝能融入自然時，鳥類便不容易察覺，較能拍出生動自然的照片。

為了求得與環境融合以降低鳥兒的戒心，在拍攝的過程之中也必須將自己與器材隱藏起來，巧妙地偽裝可使拍攝成功的機會大增，若有足夠的耐心與毅力，並且偽裝技巧高明，就有可能用短焦距鏡頭拍到超水準的作品，甚至是廣角鏡頭也可以。不過這樣做意味著必須闖入鳥兒的地盤，或許還需要架設遙控設備，其副作用是有可能會破壞到鳥兒周遭的環境，而且涉及到更艱深的專業知識（包括生態、地質、攝影等），所以較不適合一般愛好者輕易嘗試。所謂的偽裝網或偽裝帳等裝備，在一般的山野戶外器材店裡均有出售，若是不想背著太多東西，則至少要身穿與環境色調相符的服裝。此外，為了便於尋找鳥蹤，最好隨身攜帶一支八倍或十倍的雙筒望遠鏡，口徑約 32mm 或 42mm 皆可。

拍攝的技巧與注意事項

使用長焦距鏡頭時所呈現在觀景窗中的畫面是極易震動的，尤其是當處於光圈全開的狀況下，若拍攝距離很短時，這種情形將更為嚴重，因此在對焦時需十分小心。而景深的掌握也是影響氣氛很重要的因素，在按下快門之前，最好能夠適時地運用景深預觀鈕，決定最佳的景深範圍及光圈與快門的組合，只是在實戰的現場不見得有足夠的時間可讓拍攝者思考，機會通常是稍縱即逝，所以若是使用手動對焦時，應在拍攝之前預測鳥兒的下一步動作，先做好對焦與測光的準備，待牠一旦進入構圖的範圍時，只需做少許微調然後立即按下快門。

自動對焦的機種有時會因為受到現場環境與性能的限制，而不一定能夠準確抓住活動的主題，因此這時可切換到手動對焦的模式以上述的方法操作也可。（這裡所說的對焦通常是指對著鳥兒的眼睛）為了增加使用長鏡頭拍攝時的穩定度，所以盡量將腳架降低，如此可減低搖晃的程度。通常雲台上的拖板都是直接鎖在鏡頭的重心處，若鏡頭只有這一個支撐點的話，一般都無法避免晃動的問題，愈長的鏡頭這種現象愈嚴重，倘若不能夠另外「改裝」時，就只能降低腳架後再運用高速快門，以求得畫面的最佳穩定度，這是運用超長鏡頭拍攝時的主要問題。

在戶外進行野鳥攝影時，光線的狀況總讓人難以掌握，但若能靈活善用相機的參數設定，即使光線條件不好，仍能拍得不錯的野鳥照片。逆光是拍攝野鳥時經常遇到的一種光線狀況，在逆光情況下常會拍攝到野鳥本身曝光不足且主題太暗的照片；或設定了相機的曝光補償功能，卻因為曝光補償太多而主題太亮，造成影像品質鬆散，色彩不飽和的照片。

技巧是設定包圍式曝光及連拍，可在一次按壓快門拍攝後得到三張不同曝光級距的照片，如此使得成功率增加。將相機測光選項設定成點測光很適合用在逆光拍攝，將相機中心點對準主題，可提高正確曝光的機率。逆光時利用長焦段鏡頭將野鳥拉近，使鳥類在觀景窗或LCD銀幕上比例較多，這可增加測光的

1. 加長的雲台拖板，可讓體積巨大的長鏡頭增加穩定度，避免微小震動讓畫面模糊不清。
2. 除了機身，很多長焦距大光圈的鏡頭不只是身價不菲而已，為了讓拍攝更順利，設置許多貼心的設計，但是如果不善加操作，經常反而會帶來反效果，所以出門前一定要搞清楚這些開關、按鍵等真正的作用。

準確度，並拍出成功的照片。那麼用閃光燈補光使主題增亮可行嗎？那是不可行的，原因是閃光燈的瞬間光會驚嚇到野鳥，同時閃光燈的有效照射距離也很短，無法使光線照射到主題。

在拍攝之前如果能夠先觀察鳥兒的習性與動向，就可以預先覓得理想的拍攝地點與角度。一般水鳥大多會在某一地點停留許久，且動作不急不徐，若再加上適當的偽裝，就有機會拍到好的水鳥生態照片。拍攝山鳥時因為彼此的距離較近，而且可能有一些枝葉會干擾畫面，大多不需使用太長的鏡頭，所以鏡頭的選擇以輕便為宜（400mm 就算很長了），但是鏡頭光圈要夠大。

當然，一定要十分熟悉自己使用的各種器材，尤其是機身與鏡頭的操作，若不先完全熟悉，野外的現場光影變化與鳥兒的突然動作，一定會讓你手忙腳亂。

鳥類攝影的基本常識

一天當中的清晨與黃昏兩個時段是較理想的拍攝時機，不但光線較柔和，也是鳥兒活動較頻繁的時候。一般而言，只要不是在大片的陰影之下，都可得到不差的色彩表現。正午時分大多數的鳥兒都比較不活躍，此時的光線是由頭頂直接照射，很容易形成濃濃的陰影造成過大的反差，是比較不適合拍攝的時段，而且這時恐怕也很難找得到鳥兒。

五色鳥。

此外，以季節來說，山鳥大多在春季繁殖，這時部分雄鳥的身上會出現所謂的「飾羽」，較平常鮮明亮麗，以便吸引雌鳥。而水鳥則未必全都是如此，且依其遷徙的習性而言尚有留鳥與候鳥之分，很難一概而論，只能說各個季節皆有可為，就看個人對鳥類的認知有多少了。

以區域而言，中海拔地區的鳥種種類最多，色彩也最鮮豔，地形植被也較複雜，拍攝前的準備工作除了觀察環境之外，也必須對目標鳥種的食性與鳴聲加以了解，知道鳥兒愛吃何種食物則可事先埋伏，守株待兔，只是得先認識一些植物的種子、果實或昆蟲。若是能夠聽音辨位，則減少錯失按下快門的機會，尤其身處密林野外之中，這等身手的訓練顯得格外重要。

在台灣，每年的四、五月及十月左右，均是大批候鳥過境的季節，種類多、數量大，是賞鳥與鳥類攝影的最佳時節。潮汐、地形與天候是影響拍攝的主要因素，但是近年來環境污染與鳥類棲地的破壞都增加了拍攝的難度。大部分水鳥都在河口淺灘或濕地活動，潮汐的漲落是影響牠

黑長尾雉（帝雉）

們活動範圍的重要因素，而且這樣的地形缺乏掩蔽，水鳥一般對人類的警戒心很強，所以拍攝者不容易接近牠們，這時就很適合「大砲」出場亮相。如果地形許可時，躲在汽車內則比較容易靠近牠們，一般鳥類對車輛較不敏感，因此也可以將相機與鏡頭架設在車門或車頂上，這是比較輕鬆的方法。

黑長尾雉（帝雉）。

正確的野鳥拍攝守則

野鳥自然生態攝影是以追求絕對自然的真、愛護自然生命的善及無人工布置且無人為干擾之純粹自然的美為攝影之精神，以探索、發掘及記錄具有真正自然生態之美的攝影作品，因此遵守下列的攝影守則方能減少對自然的干擾與破壞。

保持適當距離及保持隱密，避免驚嚇野鳥。

不可追逐野鳥，以使牠們能自在地休息與覓食。

不可干擾野鳥，如誘食及播放鳥音等之不當行為。

不可破壞自然，如剪除枝葉或花草等之不當行為。

不進入地面築巢之野鳥繁殖地區，以免誤踩鳥蛋、破壞巢穴使親鳥棄巢。

遇到孵蛋或育雛中的鳥巢時，應盡速離開，避免親鳥棄巢。

不公布野鳥繁殖地點，以免過度干擾或有心人士盜取雛鳥等。

不使用閃光燈，以免驚嚇野鳥或使其眼睛受傷。

保持安靜或輕聲細語，不可大聲喧嘩。

相機之對焦提示音及操作提示音必須關閉，以減少拍攝之噪音干擾。

穿著與自然融合之服裝色系。

注意自身安全，尤其是在架設相機或為構圖而移動時。

CHAPTER 4

經典賞鳥旅遊地點

台灣一年四季皆有不同鳥種可觀賞，不論是高、中、低海拔，或是東南西北地區，幾乎所有自然環境中都有野鳥棲息。在此推薦台灣二十處交通環境條件佳的賞鳥地點，一起前往探訪，體驗鳥兒的迷人魅力吧！

台灣地區的自然環境條件極佳，不但有山有水而且緯度適中，動植物生態多樣性相當豐富，不但有會隨著季節遷移的候鳥之外，更有種類眾多的留鳥，分布在高山、森林、平原、海濱、濕地，全台灣從北到南包括離島地區，幾乎所有想得到的自然環境都有野鳥棲息的身影，這也是為什麼有那麼多內行的老外，不辭辛勞地跑來台灣就為了看鳥的原因，而且是全年四季都有不同的鳥種可以欣賞喔！

說到賞鳥，除了要有裝備與技巧之外，當然也要找到「有鳥」的地方才看得到鳥囉！沒錯，有野鳥可以欣賞的地方，必定都是有完整的生態環境，才能滿足鳥兒的棲息與覓食需求。考慮到交通方便性與環境的完整，我們推薦台灣地區二十處較平易近人的適合地點，這些地點全部都位於景色優美，仍然保有一定程度的自然原始，而且交通條件與易達性佳，讓一般大眾都可以輕易地觀察到鳥兒的蹤跡。

1.水雉。2.翠鳥。3.白頭翁。

2

1

3

賞鳥點示意地圖

金山清水濕地
野柳地質公園
關渡自然保留區
台北植物園
華江雁鴨自然公園
桶后林道
太平山
霞喀羅國家步道古道
鯉魚潭水庫
武陵農場
大雪山森林遊樂區
高美濕地
金門太湖
合歡山
瓦拉米步道
鰲鼓濕地
向陽森林遊樂區
七股黑面琵鷺保護區
四草野生動物保護區
墾丁

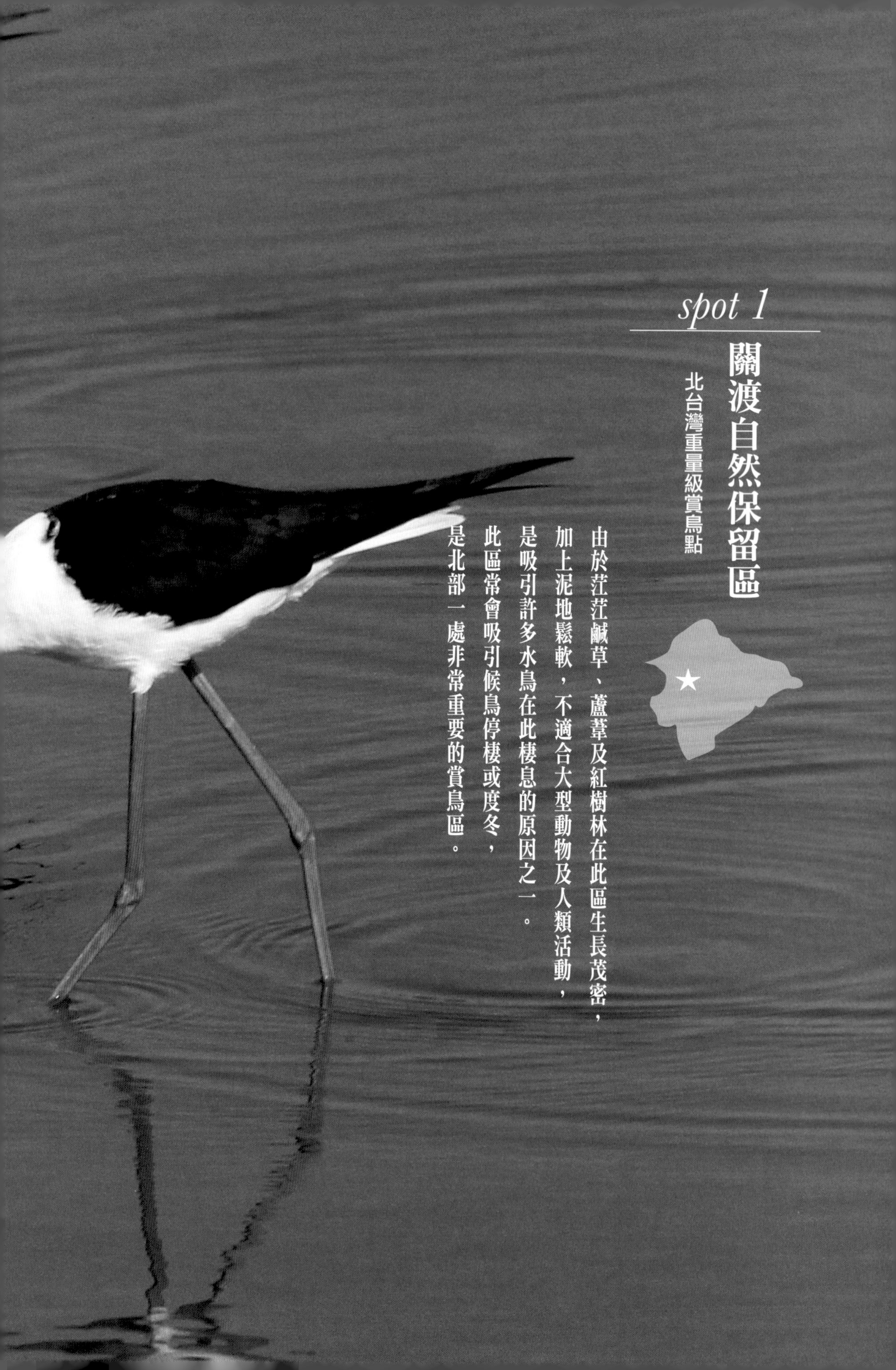

spot 1

關渡自然保留區

北台灣重量級賞鳥點

由於茳茳鹹草、蘆葦及紅樹林在此區生長茂密，
加上泥地鬆軟，不適合大型動物及人類活動，
是吸引許多水鳥在此棲息的原因之一。
此區常會吸引候鳥停棲或度冬，
是北部一處非常重要的賞鳥區。

攝影：呂翊維

位於台北淡水河及基隆河交會之處，擁有豐富的自然景色及多樣的生物，這裡是台北市內少數的濕地之一。由於茳茳鹹草、蘆葦及紅樹林在此區生長茂密，加上泥地鬆軟，不適合大型動物及人類活動，是吸引許多水鳥在此棲息的原因之一。沼澤中的魚類及泥地裡的無脊椎動物，為水鳥的重要食物來源。每年候鳥遷移時，此區常會吸引候鳥停棲或度冬。二〇一三及二〇一四年全年累積記錄到的鳥種皆超過一百種，是北部地區一處非常重要的賞鳥區，同時也是國際鳥盟劃設的台灣重要野鳥棲地之一。

一九八六年政府公告台北市關渡堤防外沼澤區五十五公頃範圍為關渡自然保留區，一九九六年台北市政府在此區成立關渡自然公園，並於二〇〇一年十二月起委由社團法人台北市野鳥學會經營管理。關渡自然公園的成立宗旨以保護國際重要的野鳥棲地，並以美好的生態資源，引領民眾親近自然、認識自然進而保護自然的場域。園區內的視聽中心也有不定期的生態講座，及自然保育的影片播映，區內各項設施完善，餐飲及賞

關渡自然公園內濕地邊緣的木棧道。

鳥相關用品都有販售。

保育推廣不遺餘力

每年十月時台北國際賞鳥博覽會都會在此地舉行二天的保育推廣活動，皆吸引萬人左右參加。活動期間現場有來自各縣市的鳥會及國外的鳥會組織，推廣賞鳥旅遊及保育觀念，現場也有各大知名品牌的望遠鏡提供民眾體驗及選購，一些以鳥類為題材的工藝及藝術品也在現場展銷。

為了讓學齡兒童能認識鳥類進而將保育觀念向下扎根，主辦單位在現場設置了寓教於樂的互動闖關遊戲，讓參與者從遊戲中學習自然保育的知識。在自然公園內的賞鳥小屋有許多熱情的義工架設望遠鏡供民眾觀察鳥類，並提供詳細的自然生態解說。

適合鳥類棲息的生態環境

去關渡地區賞鳥，可不是只能待在生態公園裡，在周遭的淡水河與基隆河沿岸，都有茂密的紅樹林分布，這些紅樹林樹種以水筆仔為主，在潮水之外的泥灘地上藏著極多

2

1

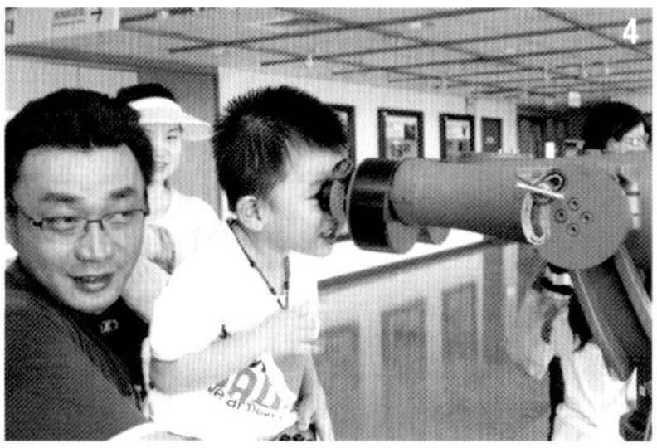
4

3

1.關渡自然公園的售票亭。2.池鷺。3.正門入口處。4.位在自然中心二樓的濕地野鳥觀察教育區。

小魚、小蝦、小蟹等濕地生物，當然也吸引了大批鳥類在此棲息；不只是常見的鷺科留鳥，每年冬季都有大批的冬候鳥來此過境棲息，這裡曾經發現記錄過的鳥種超過兩百種之多。

此地常見的高蹺鴴為冬候鳥，在關渡濕地補食水生動物，如蝌蚪、小魚、水生昆蟲及其幼蟲。牠總在清晨、黃昏或退潮時覓食，行走步伐優雅，常於水深達到關節處的池塘中追捕小魚，或用嘴在水中左右掃動並前進捕食獵物；受到驚嚇而警戒時會將頭上下擺動，驚飛時會邊飛邊鳴叫，其中有少數一年四季都待在台灣。

在這片濕地的周圍都有小路與自行車道，所以要前往關渡地區賞鳥並不麻煩，不管騎機車、自行駕車甚至是騎單車都可以。完整的自行車道沿著淡水河與基

1. 自然中心大門入口處。2. 自然公園內的水鳥觀察平台。

隆河，可以從河的上游側一直延伸到八里與淡水的出海口，沿途風景都很不錯，尤其關渡到八里一帶，除了賞鳥之外還可以眺望整個關渡平原跟淡水河岸，就算不想騎單車，也可以背著雙筒望遠鏡，輕鬆漫步欣賞淡水河岸景色，在關渡、紅樹林、淡水之間的這一段河岸都有捷運線通過，搭乘捷運前往最為方便。

注意！鳥出沒

可見鳥種

關渡地區有許多冬候鳥，例如高蹺鴴、小水鴨、花嘴鴨、磯鷸、青足鷸等，以及此區全年可見的大白鷺；也有紅冠水雞、小白鷺、綠繡眼等留鳥。

注意事項

1. 關渡自然公園有入園時間與門票的規定（每週一休園），基本票價資訊如下：

門票種類	票價	備註
全票	60 元	
優待票 （國中、小學學生、65 歲以上長者、當年度志工……）	30 元	請攜帶證明文件以備查驗
團體票	40 元	限 30 人以上團體
免費 （身高 115 公分以下或未滿 6 歲兒童、身心障礙者及必要陪同一名、導遊……）		請攜帶證明文件以備查驗
停車費	小客車 40 元／時； 腳踏車、 機車 20 元／次	

更多門票及入園時間資訊可參考官網 http://gd-park.org.tw

2. 淡水河沿岸的大片紅樹林樹種，是國家級的保護物種，不能任意摘採。
3. 自行車道上除了騎乘單車之外，禁止任何機動車輛進入。假日騎單車的遊客眾多，有相當大比例的騎士技術不佳，即使是走路進入也不太安全，盡可能避免假日前往。

交通資訊

1. 可搭乘台北捷運於關渡站出站，步行約 10 分鐘可抵達關渡自然公園。
2. 自行駕車也很方便，由台北前往，於大度路路橋下橋孔迴轉，再右轉關渡路即可抵達；由淡水前往，請往台北方向下大度路路橋後，右轉關渡路即可抵達（路橋右側有直行車道，右轉時請留意右方直行車道來車）。
3. 如果要進入河岸的沿線步道，許多路段並不能開車進入，以騎自行車或步行為主。

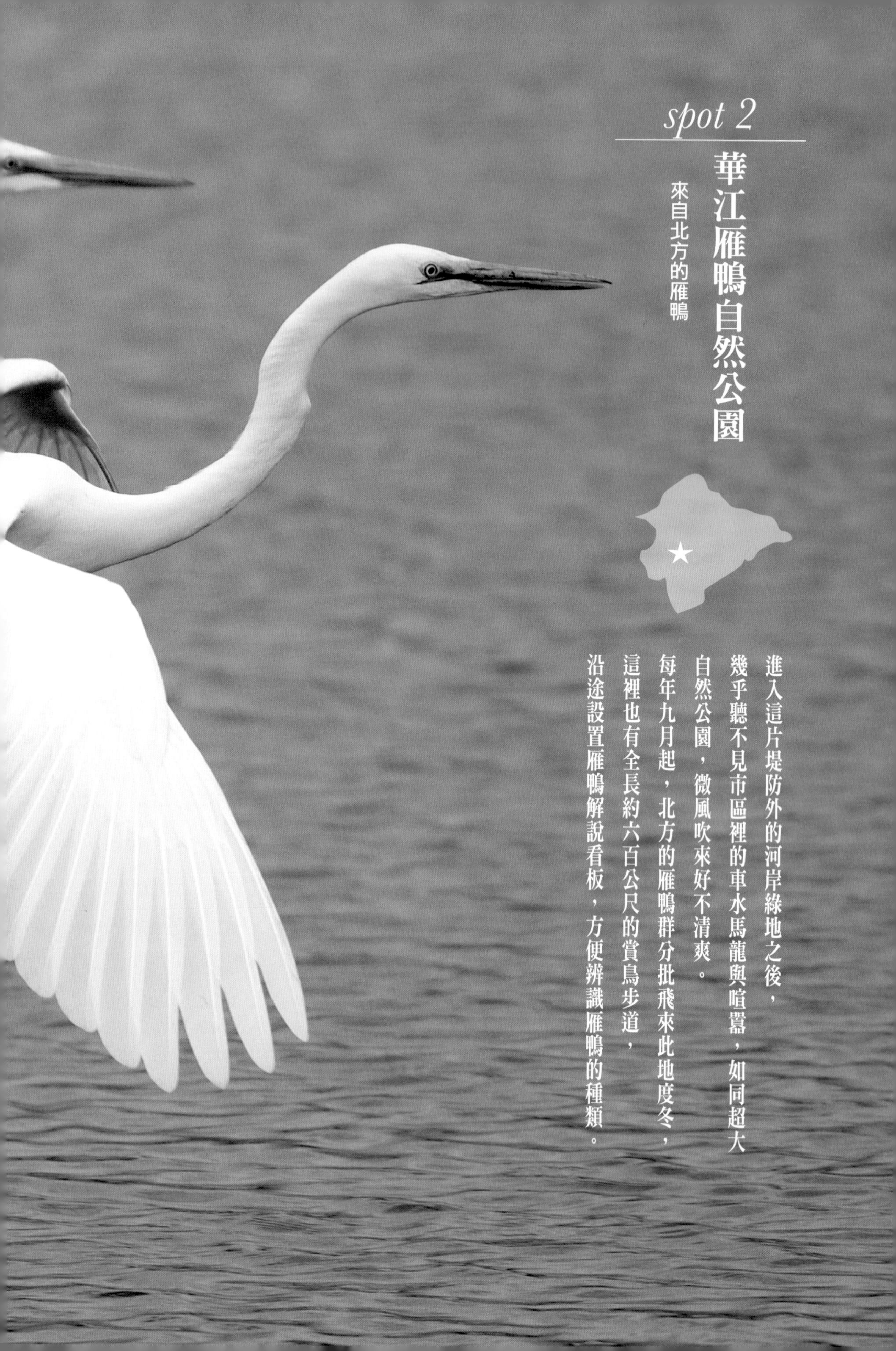

spot 2

華江雁鴨自然公園

來自北方的雁鴨

進入這片堤防外的河岸綠地之後，
幾乎聽不見市區裡的車水馬龍與喧囂，如同超大
自然公園，微風吹來好不清爽。
每年九月起，北方的雁鴨群分批飛來此地度冬，
這裡也有全長約六百公尺的賞鳥步道，
沿途設置雁鴨解說看板，方便辨識雁鴨的種類。

為了保護雁鴨科為主的季節性水鳥，台北市政府於一九九三年十一月將二百四十五公頃範圍的淡水河流域大漢溪與新店溪交界處，北從中興橋南至永福橋，東起台北市萬華區的河濱公園外側之低水護岸，西達台北市與新北市界線，劃設為台北市野雁保護區。範圍內涵蓋沼澤、泥灘、水域及光復橋上游六百公尺的高灘地。

在泥灘濕地中蘊含大量的甲殼類、魚類及節肢動物等，成為鳥類的食物來源。每年九月起，北方的雁鴨群分批飛來此地度冬，至十二月或隔年一月可看到大量的小水鴨，最大的記錄量曾經超過萬隻，近年來的記錄約數千隻。台北市政府在此區設有停車場、賞鴨步道、解說牌、低水護岸及人工的新生高灘地。區內有全長約六百公尺的賞鳥步道，沿途有雁鴨解說看板，方便辨識雁鴨的種類。

隔絕市區的喧囂

由於公園就位於台北市區周遭，交

1. 賞鳥步道上的觀鳥者。2. 小鷿鷈。3. 桂林路底堤防內之華江雁鴨自然公園入口處。

通便利，經常會有野鳥學會在此舉辦有趣的賞鳥活動，吸引人潮加入賞鳥或自然觀察的行列。根據台北市野鳥學會進行的鳥類調查，在此地曾經發現過的鳥種多達七十種，包含小水鴨、綠頭鴨、花嘴鴨、尖尾鴨、蒼鷺、大白鷺、中白鷺、高蹺鴴等可見鳥種。

雖然此處與環河南路僅隔著堤防，但是進入這片堤防外的河岸綠地之後，幾乎聽不見市區裡的車水馬龍與喧囂，如同超大自然公園，微風吹來好不清爽，不只是帶著望遠鏡來賞鳥，還能沿著河邊步道行走散步，附近有中興橋、忠孝橋，如果光線條件好的話，也是拍攝城市景觀的好位置。對於拍鳥者來說，此地交通方便，停車場附近就可以找到不錯的地點，不必扛著沈重的「大砲」走太遠，所以經常可發現各式大小的長焦距鏡頭在此聚集。

鳥季的假日有專員導覽

隨著自行車道沿岸整修完整，後來

1.這裡有大面積的濕地，構成良好的棲地，吸引許多鳥類在此棲息。 2. 步道旁的雁鴨解說牌及保護區地圖。3. 花鳧。4. 這裡也是野鳥攝影者拍攝鳥類生態的好地點。

又有YouBike這樣的設施配合，愈來愈多人會沿著河邊自行車道騎單車健身或是看風景等，因此靠近萬華區附近的河岸除了賞鳥客之外，也多了大批的單車遊客，讓更多人發現這裡原來是賞鳥勝地，也是鳥類生態拍攝的好去處。就算不來這裡，沿著河濱步道慢慢行走，也很容易發現這裡的各色鳥兒隨意飛舞跳躍，也許是為了捕食，或是求偶，更可能是為了捍衛地盤。總之，來一趟這裡，可以暫時將河堤內台北市區的吵雜與瑣事忘記，只要半日就可以回家，若是上班族，要翹班放鬆個半天透氣，來華江雁鴨公園也是個不錯的選擇。

淡水河主、支流沿岸的濕地，從關渡、竹圍、中興橋、華江橋、華中橋，都可以觀察到不少的雁鴨族群。「華江雁鴨自然公園」內停車場多，又有綠地、

步道、距離水岸也近，是一處觀察自然生態活動的理想場所。主要的賞鳥步道沿途設有多處解說看板，此地亦設有觀鳥解說站，在賞鳥季節的假日都會有「台北市野鳥學會」在此派駐人員為民眾導覽解說。想體驗自然，又不願辛苦勞累地跋涉，那麼這裡應該是首選之地了。

注意！鳥出沒

可見鳥種

每年十二月或一月可看到大量的小水鴨，也常見包含綠頭鴨、花嘴鴨、尖尾鴨、蒼鷺、大白鷺、中白鷺、高蹺鴴等鳥種。

注意事項

1. 華江雁鴨自然公園最佳的賞鳥季節為秋、冬季。
2. 周邊設有收費停車場，停車也算便利。

交通資訊

1. 公園入口位於台北市桂林路底，從台北捷運龍山寺站出站後，步行約 10 分鐘可抵達。
2. 也可搭乘公車，於桂林路或是貴陽街站下車，步行至河堤邊即可到達。

spot 3

台北植物園

繁忙市區裡鳥兒的棲身處

這裡是台北市區中鳥類種類密度最高的地方，
園區內每日皆有附近居民及遊客，
因此區內野鳥多數都已經適應較多人群的觀察行為，
賞鳥時記得放慢步伐，
安靜地走近樹叢並仔細聆聽，
有時抬頭即可看到五色鳥正在啄樹洞，
或一群綠繡眼攝食著樹果……

1. 植物園內人工水道及步道。2. 鳳頭蒼鷹。
3. 綠繡眼。

位於台北市南海路及和平西路交叉口，坐落在國立台灣歷史博物館側後方的園區創建於一八九六年，當時名稱為「台北苗圃」，至一九二一年更名為「台北植物園」。由於歷經超過百年之歷史，且占地約八．二公頃，區內收集植物種類超過二千種，成為台灣地區植物研究學的重要場域，同時也是台北市區中鳥類種類密度最高的地方。此處非常適合初次賞鳥或拍攝野鳥的入門者，園區內每日皆有附近居民及遊客，因此區內野鳥多數都已經適應較多人群的觀察行為。台北鳥街位在附近的和平西路三段，當有籠中鳥類飛出時，往往也會以就近的植物園為停棲處，所以在此區看到外來逸出種鳥類也就不足為奇了。

區內常見的鳥類有紅冠水雞、黑冠麻鷺、小白鷺、夜鷺、白頭翁、綠繡眼、樹鵲、五色鳥、麻雀、紅嘴黑鵯及朱頸斑鳩，偶而也可看到小彎嘴畫眉、灰鶺鴒、紅尾伯勞、鵲鴝、白腹鶇、翠鳥、鳳頭蒼鷹及台灣藍鵲。

在植物園內賞鳥記得放慢步伐，安靜地走近樹叢並仔細聆聽，有時抬頭即可看到五色鳥正在啄樹洞，或一群綠繡眼攝食著樹果。走到生態池時往往可以發現在池中優游的紅冠水雞，或是準備獵取小魚的小白鷺。當空中掠過大

型的鳥類，或樹冠層中鳥群發出警戒的高頻鳴叫聲時，仔細看看是否就是鳳頭蒼鷹出現了。園區內也常常聚集著拍攝野鳥的愛好者，不妨看看他們正在拍攝什麼鳥類呢。

多樣性生態讓人類永續生存

在自然環境不斷被開發與破壞的時代，植物園致力於全球植物多樣性的保育，擁有完整的植物蒐集記錄文件，以此進行科學研究、保育、展示及教育，並加入國際植物園保育組織（Botanic Gardens Conservation International, BGCI）。該組織成立於一九八七年，為全球最大的植物多樣性保育組織，並在這塊領域努力，以期促使全球三分之一的植物免於瀕臨滅絕的威脅。台北植物園為台灣第一座加入該組織的植物園，並與全球各國的植物園進行學術交流。人類的生存仰賴生物的多樣性，而生物多樣性形成生態系，因此需要維持才能使人類永續生存。

除植物園以外，位於園區內的欽差行台為一八九二年（清光緒十八年）時建造，時隔二年後完工，當時用於接待來台視察的中央官員。此古蹟原位於台北市中山堂的位置，日本領台後，以此建物作為當時的台灣總督府長達二十五年，直到一九一九年台灣總督府（即今日總統府）完工為止。當時的日本政府為了興建台北工會堂（即今日之中山堂），於一九三三年將此建物遷建至台北植物園。欽差行台是台灣唯一僅存的清代閩南式官署建築，歷經清朝、日治及中華民國時代的歲月，來植物園賞鳥看風景之際，不妨順道來此欣賞並感受那段歷史與建築之美。

注意！鳥出沒

可見鳥種

紅冠水雞、黑冠麻鷺、小白鷺、夜鷺、白頭翁、綠繡眼、樹鵲、五色鳥、麻雀、紅嘴黑鵯及朱頸斑鳩，偶而也可見小彎嘴畫眉、灰鶺鴒、紅尾伯勞、鵲鴝、白腹鶇、翠鳥、鳳頭蒼鷹及台灣藍鵲等鳥類。

注意事項

1. 植物園開放時間為 5:30 ～ 22:00；欽差行台開放時間為 9:00 ～ 16:30（週一及春節假期休館）。
2. 若自行開車前往，植物園周邊有收費停車場，或可選擇路邊收費停車格。

交通資訊

開車前往可從台北市博愛路往南，開到路底即可抵達；搭乘台北捷運則從小南門站下車，於 3 號出口自博愛路往南走即可抵達。

spot 4

金山清水濕地

鳥兒最愛光臨的北海岸

清水濕地位於出海口一帶，
豐沛的水量、廣闊的農田及野地，
加上地理位置處於台灣北部，
成為候鳥南來北往時最佳的休憩站，
這裡不但是北部賞鳥的精華區，
此地也數度成為迷鳥的避風港。

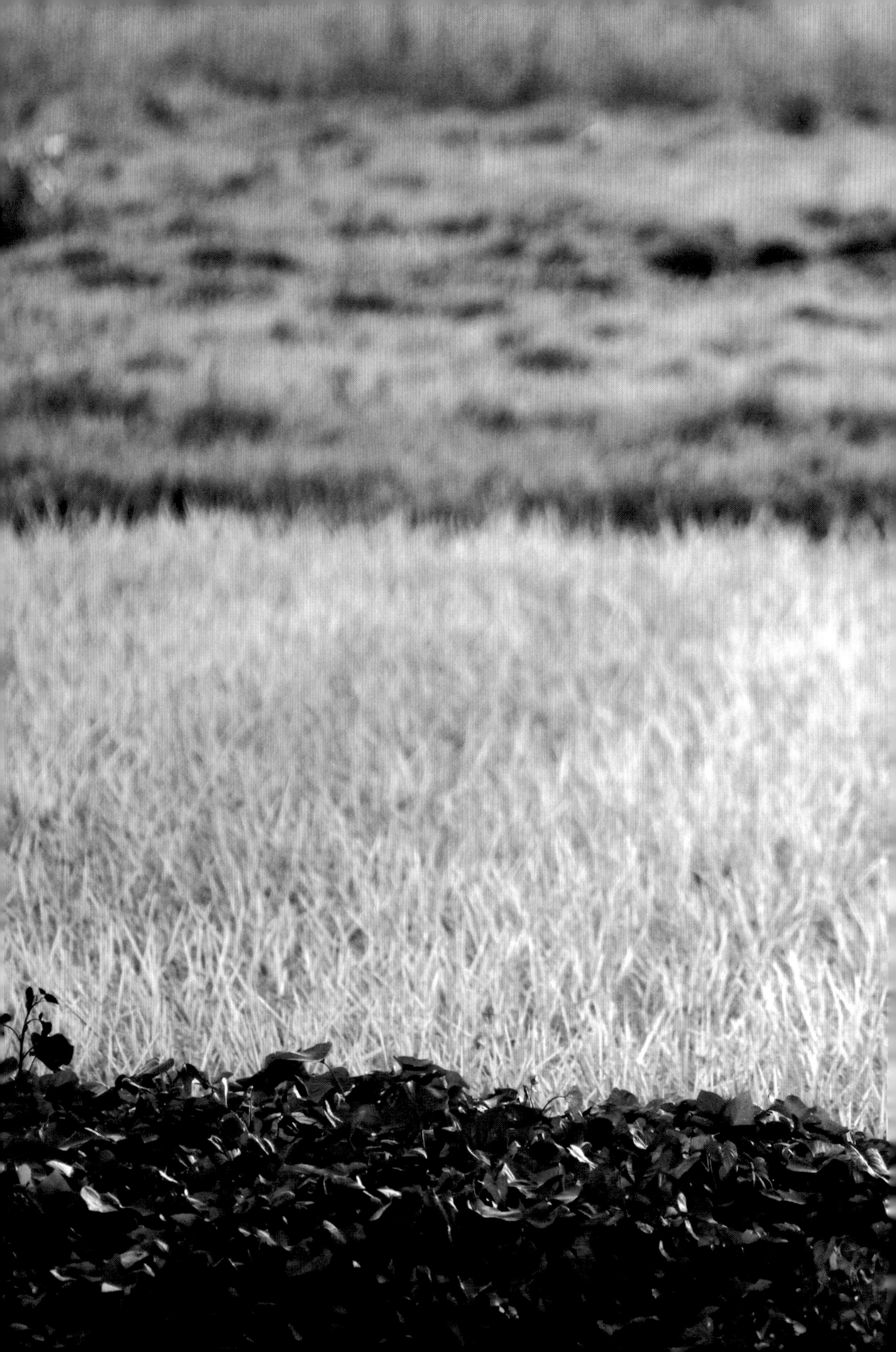

金山位於台灣北海岸的中間地帶，有陽金公路和台二線省道在此交會，此地的地形由金山岬角和平原組成，是個歷史悠久的小鎮。與野柳的鳥況類似，金山也是春秋過境鳥喜歡光顧的地方，不同的是金山腹地廣大，生態環境更形多元，相對地可提供更多類型的鳥類棲息，甚至一些稀有鳥類也在此出現。

金山的清水濕地位於磺溪、西勢溪及清水溪匯集處之出海口一帶，豐沛的水量、廣闊的農田及野地，加上地理位置處於台灣北部，成為候鳥南來北往時最佳的休憩站，不但是北部賞鳥的精華區，此地也數度成為迷鳥的避風港。清水濕地和別處濕地的型態都不同，這裡屬於水田型濕地，不是海邊也不是河口，但卻是北海岸地區最具規模的濕地。由於該處位於台灣最北端，很容

1. 前來觀看西伯利亞白鶴的民眾。2. 西伯利亞白鶴。3. 西伯利亞白鶴保育教育解說牌。

易成為每年候鳥飛行南下過冬的首選地點，而冬季結束後隨著氣溫逐漸升高，清水濕地又會成為這些北方鳥類開始北返時的最後補給站。

在二〇〇八年的調查資料中，此地擁有二百五十七種鳥類，接近六萬五千隻野鳥棲息。其中包括國際級保育類鳥類。這裡其實經常發現珍貴的保育級鳥種，例如唐白鷺。此外，這裡也不時傳出世界級的珍貴迷鳥在此被發現，二〇〇七年十一月二十四日有四隻北國才有的丹頂鶴飛來清水濕地，消息曝光後，讓金山頓時成為生態旅遊的聖地，似乎讓金山地區的觀光旅遊發展又出現了希望。

二〇一四年十二月在候鳥南飛度冬期間，來了一隻迷鳥是西伯利亞白鶴的亞成鳥，台灣第一次記錄到此種鳥。這是隻全球僅剩三千多隻的瀕危鳥種，動物保護處為了保護牠，將牠頻繁活動及夜棲的領域圍起黃色的封鎖線。同時牠也吸引了許多愛好賞鳥的人們前往金山清水濕地觀察，二〇一六年二月時牠仍然停留此地，此時已為成鳥的白鶴，使得政府及民間的保育單位也討論著該如何保護及協助牠返回繁殖地。這些珍貴的候鳥每次都在清水濕地被發現，顯然這裡的環境生態與地理位置有其難以取代的重要性。

賞鳥泡湯的好去處

如果開車從台北市經陽明山，沿著陽金公路前來金山，沿途很容易看到大卷尾、八哥、台灣藍鵲等在地留鳥，不管是躲在樹梢間還是站在電線上，這些飛鳥總是不曾間斷地在眼前晃動；抵達金山地區之後，也很容易發現紅尾伯勞、珠頸斑鳩，在更高一點的天空中，也可以開始抬頭注意天上盤旋的黑鳶或大冠鷲；這裡的常駐鳥種有紅尾伯勞、珠頸斑鳩、大卷尾、八哥和紅隼，以及白頭翁、夜鷹等。

金山地區的自然生態保持得還可以，除了農作之外並沒有太多的人為開發，金山青年活動中心和清水濕地都是北海岸地區賞鳥的精華區，尤其是冬末春初的季節，來此賞鳥、拍鳥之餘，別忘了這裡也是逛老街、吃小吃與泡溫泉的知名景點，由於靠近大屯山區，地熱資源豐富，甚至在金山青年活動中心裡還有少見的海底溫泉。從過去留下的紀錄來看，全台灣有紀錄的鳥種已超過六百二十六種，在金山地區發現過的鳥種就佔有一百三十種之多，可見得金山地區在賞鳥人士心中的重要性；如果初學者想要進階賞鳥客的行列，那麼金山地區是一定要來朝聖的。

清水濕地內的稻田與荷花田。

1.夕陽西下前的清水濕地。2.拍攝西伯利亞白鶴的人潮。3.西伯利亞白鶴。

注意！鳥出沒

可見鳥種

常見的鳥類有紅尾伯勞、珠頸班鳩、大卷尾、八哥、紅隼、白頭翁、夜鷹等，高一點的天空中還可見黑鳶或大冠鷲。特別的是這裡也常發現珍貴的保育級鳥種如唐白鷺，以及一些來自外地的珍貴迷鳥。

注意事項

1. 前往金山地區賞鳥，由於範圍頗大，自備交通工具前往為佳。
2. 冬去春來之際，除了是賞鳥時節，更是泡湯的最佳時刻；但假日遊客眾多，停車不易。
3. 二〇〇八年到訪金山濕地的 4 隻丹頂鶴，喚起國人濕地保育的概念，因此在二〇一二年提出濕地法草案後，隔年六月就三讀通過。
4. 如果發現迷途候鳥，務必做到三不：「不騷擾、不餵食、不接觸」，遠遠地拿著望遠鏡觀察就好。

交通資訊

1. 可從台北捷運淡水站搭乘「淡水—金山」或「淡水—基隆」的客運。
2. 自台北淡水沿著台 2 線省道，往金山方向直行可抵達。
3. 由台北士林經仰德大道抵陽明山，接陽金公路往金山方向前行，一路下坡到底即抵達金山。
4. 國道 3 號萬里交流道下，經大武崙接上台 2 線省道可抵金山。

spot 5

野柳地質公園

被海風雕刻的峽角

北海岸的野柳地質景觀區在台灣大概無人不知，海岸線的岩石受到海水侵蝕與風化等影響，到處是奇岩怪石與狹長的岬角地形，隨意亂走，都有驚奇的發現，對於地質景觀有興趣的人來說，這裡就是天然的地理教室。

野柳地質公園位於新北市萬里區的沿海地區，這兒的地形大致上為一個凸出於海面的岬角，北海岸的野柳地質景觀區在台灣大概無人不知，許多國外遊客也會慕名而來。

這一段海岸線的岩石受到海水侵蝕與風化等影響，到處都有奇岩怪石與狹長的岬角地形，海蝕溝、海蝕崖、豆腐岩、象鼻岩等，大大小小的孔穴遍布，而且規模不小，面積廣大，隨意亂走，都有驚奇的發現。其中最奇特知名的一處非「女王頭」莫屬了，這顆巨石經過萬年的時間、海浪與風的雕刻，每一分每一秒都在改變，才有如今的無比傑作，對於地質景觀有興趣的人來說，這裡就是天然的地理教室。

鳥兒的秋季聚會

要來這裡，可不只是單純

1.秋季野鳥過境期間的拍鳥人群。2.野柳賞鳥區入口。3.藍磯鶇。

看風景而已，野柳因為地處台灣北端，且是一個凸出海面的岬角，長約一千七百公尺。尤其是「龜頭山」，從空中看的話就像是伸長的半島一樣深入海面，此區是候鳥遷徙路線上重要的停棲地點，對長途飛行許久的鳥兒來說，這裡是一個理想的著陸點。

每年約九月到十一月間，野柳地質公園不但總是聚集一大群各式野鳥，由於整條海岬步道都可以駐足觀察，所以也吸引大批的賞鳥客在此欣賞過境鳥、候鳥或迷鳥。這段期間來此觀察野鳥絕無冷場，一會兒有水鳥在岸邊緩慢移動覓食，一下子會突然發現猛禽乘著氣流在空中盤旋，好不熱鬧。此地曾經記錄過的鳥種超過三百種以上，岩鷺是常見的留鳥，夏季有鳳頭燕鷗、戴勝、遊隼等，冬候鳥則有藍尾鴝、藍磯鶇及磯鷸……。

1. 黑鳶。2. 白腹琉璃。

怪石奇岩遍布的自然地景

野柳地質公園內大致分為三區，第一區屬於蕈狀岩、薑石的主要集中區，有豐富壺穴與溶蝕盤景觀，其中以燭台石和冰淇淋石最為知名。第二區的地景也是以蕈狀岩及薑石為主，最著名的重點景觀為女王頭。第三區是一處海蝕平台，位在岬角的另一側，緊貼峭壁，底下就是洶湧的波濤，受到海水萬年來的拍打侵蝕後，到處都是特殊的怪石奇岩，這一區除自然地景之外，同時也是此地重要的生態保護區。

這二、三年來，野柳此地的鳥況經常爆發，稀有鳥種不少，不但拿望遠鏡觀察的鳥友看得很爽，扛著巨砲前來的攝影者也都拍得心滿意足，甚至北海岸只要可以停車的路邊，只要鳥在哪裡，人潮就在那裡，大小砲管林立，猶如進入長程砲陣地。除了看鳥之外，附近的岩石色彩、形體也非常漂亮奇特，在種種背景下拍鳥真是賞心悅目的一件事。

1. 岬角末端深入海中的單面山，是當地人慣稱的「龜頭山」。2. 野柳海岸公路。

注意！鳥出沒

可見鳥種

岩鷺是此地常見的留鳥，夏季有鳳頭燕鷗、戴勝、遊隼等，冬候鳥則有藍尾鴝、藍磯鶇及磯鷸等鳥種。

注意事項

全區開放時間為 7：30 至 17：00（依季節彈性調整，五月份至九月中延長至 18：00，假日延長至 18：30），但是會因為颱風等氣候或不可抗拒之因素，可能彈性封閉，應依新北市政府之公告起止時間為準。

交通資訊

公車

1. 台電大樓往金山，或板橋往金山開出的基隆客運，於「野柳地質公園」站下車。
2. 台北捷運淡水站前、基隆火車站旁搭乘兩地對開的淡水或基隆客運，於「野柳」站下車。
3. 國光客運台北總站搭乘台北往金山、金青中心班車，於「野柳」站下車後，沿港東路直行約 15 分鐘即可到達。

自行駕車

1. 國道 1 號在金山／八堵交流道下，左轉接台 2 線，往金山方向直行即可到達。
2. 國道 3 號在基金／萬里交流道下，左轉接台 2 線，往金山方向直行即至野柳。
3. 台北走台 2 甲省道，經陽明山、金山，接台 2 線往基隆方向前行即可抵達。
4. 自淡水走台 2 線省道經三芝、石門、金山可至野柳。

spot 6

桶后林道

充滿原始自然野趣

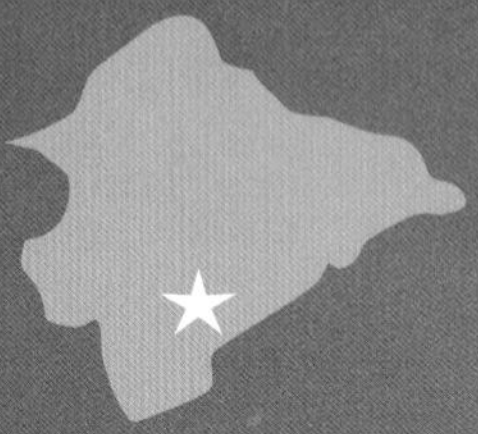

提到桶后林道，
許多人也許知道這裡是一個流水潺潺、鳥語花香的地方，
往更深的山林前去，
隨著桶后溪蜿蜒曲折，沿途景色愈來愈原始，
道路下方的溪流水色也愈來愈清澈，
此時搖下車窗經常聽得見蟲鳴鳥叫，
愈往桶后溪上游前進，就愈是清新自然。

烏來是北部地區一處知名的泡湯聖地，五星級泡湯飯店林立，除了享受飯店本身的各式設施之外，若要親近清新的自然氣息，附近的桶后林道是個好去處，距離不遠，但是桶后溪畔沿路的原始自然林相並不輸給遙遠的深山野嶺。提到桶后林道，許多人也許知道這裡是一個流水潺潺、鳥語花香的地方，適合釣魚、露營等；以往路面尚未鋪設平整的柏油之前，人煙稀少；但現在每逢假日這個地方已經非常熱鬧，桶后溪邊經常被汽車、帳棚佔滿，溪谷裡滿是男女老少的笑鬧喧嘩，已不復往日清靜。

不過林道的後半段，仍然被保留下來，這是一條只適合背包族與登山自行車通行的林間小徑，由這段越野小徑經桶後可通往礁溪，全程約十公里，越過烘爐地山以及小礁溪山中間的溪谷，沿途山勢起伏不斷，靠雙腳走完全程，一般人大約需要六小時左右，對於騎登山車的騎士而言，這條路線有些挑戰性，但是一日來回卻剛剛好。

台灣十大最佳賞鳥地點

由烏來進入，通過熱鬧的溫泉街之後就轉入台九甲線，行經烏玉檢查哨之後，沿著柏油路面往更深的山林前去，隨著桶后溪蜿蜒曲折，沿途景色愈來愈原始，道路下方的溪流水色也愈來愈清澈，此時搖下車窗經常聽得見蟲鳴鳥叫，愈往桶后溪上游前進，就愈是清新自然。這條溪是桶后溪，而這條道路至此開始，也就稱為「桶后林道」，就是北台灣最富盛名的自然教室。溪床上經常可見許多手持釣竿的釣客，以及忙裡偷閒找尋野鳥蹤跡的賞鳥者。此地區一年四季都可

1

2

3

1. 台灣藍鵲。2. 桶后林道的路況不錯，行走非常舒適。3. 桶后溪附近生態環境維持良好，野鳥資源豐富。

賞鳥，又以每年十一月至翌年二月的鳥況最好，有「台灣十大最佳賞鳥地點」之美稱。

由林務局的調查資料顯示，桶后林道主要之野鳥種類包括大冠鷲、竹雞、小雨燕、小卷尾、烏鴉、台灣藍鵲、樹鵲、赤腹山雀、大彎嘴畫眉、小彎嘴畫眉、繡眼畫眉、綠畫眉、頭烏線、山紅頭、小白鷺、河烏、紫嘯鶇、鉛色水鶇、灰鶺鴒、灰頭鷦鶯、小鶯、白頭翁、紅嘴黑鵯、紅山椒鳥、五色鳥、綠繡眼等二十七種森林鳥類。

在溪流的轉折處很容易找到優良的露營地，由於交通實在方便，假日時總有許多露營的人潮，但遠離喧囂之外，這裡就是適合賞鳥的最佳地點。從紀錄上來看，這裡有接近六十種鳥類曾被觀察到，各式體型嬌小的山雀及猛禽類是經常可見的鳥種。沿著主要道路直行，兩旁景致愈趨原始，道路也隨之狹窄，平坦的柏油路面沿著溪畔直達終點的吊橋為止，就被一塊巨石阻擋，機動車便無法進入，之後就是Off Road（越野）的路況，真正精采的桶后越嶺步道就從這兒開始。

注意！鳥出沒

可見鳥種

此地區四季皆適合賞鳥，又以每年十一月至翌年二月的鳥況最好，常可見大冠鷲、竹雞、小雨燕、小卷尾、烏鴉、台灣藍鵲、樹鵲、赤腹山雀、大彎嘴畫眉、小彎嘴畫眉、繡眼畫眉、綠畫眉、頭烏線、山紅頭、小白鷺、河烏、紫嘯鶇、鉛色水鶇、灰鶺鴒、灰頭鷦鶯、小鶯、白頭翁、紅嘴黑鵯、紅山椒鳥、五色鳥、綠繡眼等 27 種森林鳥類。

注意事項

1. 在前往桶后活動前 3 日至 60 日，必須向新竹林區管理處提出申請核准，在路經烏來區烏玉檢查所出示核准通知查驗並辦理進入山地特定管制區手續後始得進入。
   詳細資訊可參考 tonho.forest.gov.tw
2. 桶后林道每逢大雨容易道路坍方，導致交通中斷，進入前需再三確認。
3. 行經孝義之後便無任何商店，食宿問題須自行克服。

交通資訊

由新店往宜蘭的北宜公路（台 9 線）轉往烏來的新烏路（台 9 甲），依指標前進，至孝義村一帶，路程約 7 ～ 8 公里。

spot 7

霞喀羅國家步道古道

滿山滿谷的繽紛色彩

一般來說，生長在海拔愈高的樹種，
在落葉前的色彩也愈鮮豔；
但是會「楓紅」的樹種有好幾種，
觀賞的最佳時節並不相同，
相對於秋冬絕美楓紅景致，
春季的霞喀羅成了楓香林的世界，
滿地的淺褐色，別是一番特別風景。

很久沒有騎車在遍地紅色落葉上了，這段路途的最大特色，就是紅葉超多，地形變化大，而且自然景觀相當豐富；雖然午後容易起霧，但更增添淒美。霞喀羅國家步道古道全長為二十三公里，是條耳熟能詳的熱門路線，只要離開坍方路段，這條路平緩易走，是一條大眾化健行路線，雖歷經多次風災造成步道數段崩毀，但每年不斷地進行搶修，目前東西二端都可以進入，秋季最主要的景物特色就是遍地的楓紅與滿山繽紛的顏色。

楓樹多數生長在向陽或溪谷兩岸崩坍地，一般來說，生長在海拔愈高的樹種，在落葉前的色彩也愈鮮豔；但是會「楓紅」的樹種有好幾種，觀賞的最佳時節並不相同，例如台灣紅榨槭、青楓的最佳觀賞期約為十一月至元月，而台灣山毛櫸則在十一月間左右，其葉片約在十二月間和翌年元月由黃色變為橙色。只要是氣溫急速下降後的隔天，就是賞楓的好日子。相對於秋冬絕美楓紅景致，春季的霞喀羅成了楓香林的世界，滿地的淺褐色，別是一番特別風景。這一帶的自然環境亦適合各類動物棲息，此區段的野生動物種類豐富，常見的包括有野豬、獼猴、白面鼯鼠、大赤鼯鼠、山羌等。至於鳥類則有藍腹鷴、白耳畫眉、黃胸藪眉等眾多野鳥，族繁不及備載，是一處野生動物資源豐富的寶地。

沿途可發現駐在所遺跡

尤其這條路線經過整修後，已成為極具親和力的自然步道。霞喀羅古道是政府規畫的第一條國家步道，在山界頗富盛名，不過經歷幾次颱風的重創，目前只開放部分路段，只剩下幾公里可

通行。但是對於賞鳥人來說，這裡仍然是輕鬆可達而且景觀豐富的好去處；除了偏僻深遠之外，對登山健行的人來說，已是一條輕鬆的大眾路線。

霞喀羅（Syakaro）為泰雅族語，意指「烏心石」這種樹木的意思。日據時期這是一條警備道路，設置了密集的駐在所，所以古道沿途都還可發現些遺跡。霞喀羅古道橫跨新竹縣的五峰鄉、尖石鄉，並由清泉繞經石鹿大山（霞喀羅大山）後抵達尖石鄉養老村，全長約三十七公里，現在清泉至石鹿部分已可通行汽車，不過路況不太好，只適合高底盤的四輪傳動車種通行。自登山口開始算起，至東端的另一出口——養老，大約有二十三公里長度，目前這條古道有多處坍方，若馬不停蹄的話，健腳的登山者還是可在一天之內走完全程，但是這樣行軍式的步行只有操勞而已，沒有任何

1. 霞喀羅溪谷生態景觀優美，森林裡棲息不少野生動物。2. 密集的竹林，是霞喀羅步道「石鹿」端的特色。3. 黃腹琉璃。

收樓其實太過可惜。

豐富的動植物生態

石鹿登山口海拔約一千六百公尺，汽車得停放於此。清泉至石鹿這段道路雖可以通行汽車，但路況不算好，坡度也陡，車速無法提高，若天氣晴朗時車程約四十分鐘，起霧時就不一定了。進入霞喀羅古道之後剛開始路況不錯，路面寬闊平緩好走，一路緩緩爬升，尤其經過一大片柳杉林，景觀相當優美。約一公里處可抵達羅林山道叉路口，此後坡度漸陡，在一．三公里處可見「田村台駐在所」遺址，這兒也是柳杉林立的環境，樹林下有開闊的平地，這個駐在所大部分的遺跡已隱沒於荒煙漫草之中，但仍可看出駐在所大門的坡道及門前兩側的石砌駁坎（註一）。此後路況變差，過二公里處不久，古道呈「之」字型高繞陡上，沿途架有繩梯及扶杆，

鉛色水鶇。

地勢陡上之後又陡下。

愈往山林深處前進，就愈感覺景色漂亮，雖然霧氣十分地濃重，但更是襯托出古道的滄桑與神祕感，加上隨處可見的枯立倒木與遍地的楓紅落葉，鳥鳴聲不斷，這條路線絕對適合進行賞鳥與生態觀察，而且內容極為豐富。植物生態主要包含台灣特有種的隸慕華鳳仙花、青楓、楓香、台灣紅榨槭等楓紅景觀，另有杉木林、柳杉林等林相，分布於此區段的動物資源也豐富，聽原住民說常見野豬、彌猴、飛鼠、山羌等動物在這條路上，甚至有黑熊出沒的紀錄，有機會來此觀察自然生態絕對是非常棒的享受。

煙雨濛濛的神祕古道

霧氣中沿途偶而出現零星廢棄的杉木電話線桿，這些都是昔日古道沿線各駐在所之間的聯繫工具，如今雖然剩餘殘桿殘線，卻更增添古道的神祕氣氛。四公里處後古道坡度轉為平緩，進入精華路段，紅色的落葉鋪滿地面，山坡上到處都是楓紅，雖然濃霧裡並不清楚，但是騎車非常痛快，偶遇的小崩塌，都已經過整修，或架木橋，或另闢小徑通過。四公里至八公里之間的這段山路除了一段高繞階梯之外，大部份路段平緩好走，四公里處之後通過一隘口，兩側岩壁高聳，之後道路二旁逐漸出現巨木的蹤影，古道最高點五公里處的鞍部海拔約二千零五十公尺，此後一路下坡，抵達「松下駐在所」遺址時只有看見幾塊殘石而已，目前已完全看不出駐在所的遺址規模。而七公里處的「猶山駐在所」是楓紅最漂亮的地段，也是古道上較開闊的地點，有前人紮營後的痕跡。之後的路段崩毀嚴重，看來短時間內不會修復了。

註一：石砌駁坎是一種較接近自然的傳統擋土與護坡工法，堆砌費時，保留石塊間的空隙，不僅可讓生物生存，亦能保持自然滲水，減少水土流失，相對來說對自然環境的傷害也較小。

註二：因降雨影響，某些步道路段發生落石崩塌，目前僅開放至一．二公里路段通行，行前須注意路況，小心安全。

注意！鳥出沒

可見鳥種

常有藍腹鷴、白耳畫眉、黃胸藪眉等眾多的野鳥，另外還有多種野生動物及豐富的植物生態。

注意事項

1. 車輛行駛至養老步道入口前的 2 公里林道，路況不佳，路面坑洞頗多且落差大，一般轎車勉強可通行，但需小心行駛。
2. 在武神之前沿途路況平坦，之後則會遇到崩坍地形，下雨過後溼滑難行，容易發生危險，最好不要勉強通過。
3. 前往霞喀羅國家步道必須攜帶身分證，於步道入口前的管制站辦理入山登記方可進入。
4. 該地區除了白石駐在所之外，並無任何建築物，過夜需自備食宿裝備。
5. 冬季枯水期水源不多，但多注意沿途山溝，應不難發現。

交通資訊

1. 經竹東接竹 122 縣道，再經清泉接石鹿林道後，自石鹿派出所至登山口進入古道。
2. 經竹東接竹 120 縣道，經尖石轉入竹 60 鄉道，接秀巒道路（竹 65 鄉道）至秀巒，其後再轉秀錦道路，途經養老至登山口進入古道。

spot 8

鯉魚潭水庫

被群山環抱的優美風光

水庫周圍環境維持良好，
有豐富的自然生態資源，不但魚蝦成群，
還有天然闊葉林與次生林，各式野生動物相當多，
更有不少野鳥棲息其間。
在水庫後方大壩頂端還可見舊山線鐵路的風采，
隧道緊接著橋樑，橋下就是清澈的水潭。

苗栗縣的鯉魚潭水庫位於景山溪上游，位處三義、大湖、卓蘭三個鄉鎮的交界，是一座同時具有觀光、灌溉、防洪、發電四大功能的水庫，集水面積五十三・四五平方公里，總蓄水量為一億二千六百萬立方公尺。蓄水的湖面水域主要集中於大湖鄉及卓蘭鎮，不過要前往鯉魚潭水庫的入口必須從三義鄉進入。

鯉魚潭水庫四周有群山環抱，風光景色相當優美，由於周圍環境維持良好，有豐富的自然生態資源，不但魚蝦成群，還有天然闊葉林與次生林，各式野生動物相當多，更有不少野鳥棲息其間，由於道路交通條件很好，當然也理所當然的成為絕佳的賞鳥景點了。而且附近其他景點不少，當地的水果也頗負盛名，在當地主管機關的刻意經營下，水岸多處設有步道及觀景台，提供

1. 翠鳥。2. 三義附近的田園風光也是吸引人的特色之一。

1. 蒼鷺。2. 橫越在鯉魚潭水庫潭面上的舊山線鐵道。

遊客來此散步賞景，更吸引不少攝影愛好者及賞鳥客來此追尋野鳥的身影。

自然與人工的結合

水庫當然都是興建在溪流的上游，只要水庫沒有嚴重淤積，通常周邊的自然環境都還算不錯，也有利鳥類的生存；但是有平整的道路，能讓汽車方便地行駛到水邊的就不多，三義的鯉魚潭水庫就有這個條件，讓扛著大光圈的「大砲」野鳥攝影者不必太辛苦，幾乎是下車就可以組裝器材了。

周圍保存豐富的天然林相植被，也是許多野生動物的良好棲所，不但適合在此進行賞鳥活動，這裡也是自然攝影的極佳選擇。尤其是水庫的後池堰大壩，道路沿著水邊蜿蜒，不但景色漂亮，駕車在此平整的路面好不舒服。在壩頂還可以看見舊山線鐵路的風采，隧道緊接著橋樑，橋下就是清澈的水潭；如今舊山線早已停駛，但保留下來的鋼樑鐵橋與隧道充滿著懷舊氣息。鐵橋下的水潭濕地，由於環境維護良好，吸引許多鳥類棲息其間，再加上交通很方便，並設有水岸步道提供遊客來此散步，這樣的氛圍乃此地特有的景觀，在別處可看不到。

若幸運可遇洩洪的壯闊全景

此地可以看到一般溪谷與濕地環境常見的各式鳥類，如翠鳥、鉛色水鶇、紅冠水雞、蒼鷺等，但是也能發現經常出現山林中的白頭翁、綠繡眼、冠羽畫眉之類的山鳥。鯉魚潭水庫的大壩溢洪道遠遠看去像是一座白色溜滑梯，走近看時若正巧遇到洩洪，則像是一座大型的斜瀑，氣

勢相當壯闊。附近的停車場旁設有觀景平台，可居高臨下的俯瞰大壩溢洪道的全景。

鯉魚潭水庫附近還有許多景點，對於自己開車的遊客來說相當便利，例如著名的三義雕刻街、龍騰斷橋、泰安溫泉、關刀山、大克山、火炎山等知名旅遊景點，構成完整的觀光網絡，由於鯉魚潭水庫周邊的道路網相當完整，自然景觀也維持得非常好，不但水邊設置有景觀步道及觀景台，周邊也有許多漂亮的民宿與咖啡廳，尤其是每年的客家桐花季期間，更是三義附近最熱鬧的時候，這段期間的週末假日還是不要來比較好。

注意！鳥出沒

可見鳥種

此地可以看到一般溪谷與濕地環境常見的各式鳥類，如翠鳥、鉛色水鶇、紅冠水雞、蒼鷺等，也能發現經常出現山林中的白頭翁、綠繡眼、冠羽畫眉之類的山鳥。

注意事項

1. 鯉魚潭水庫觀景台的開放時間為每日 6：00 ～ 18：00。
2. 水庫洩洪期間須注意安全，不要太過靠近水邊。
3. 後池堰大壩後方的道路緊鄰水道邊，但是高於水面，所以無論是望遠鏡或攝影鏡頭都是以俯瞰的角度對著水面，晨昏時候為最佳的拍攝時段，最好搭配偏光鏡使用。

交通資訊

由國道 1 號三義交流道下，循台 13 線南行約 1 公里，遇見西湖村站牌再前行 300 公尺，至岔路口左轉入鄉道即可到達鯉魚潭水庫。

spot 9

大雪山森林遊樂區

在巨木森林的包圍下盡情賞鳥

此地每一生態帶均有代表性的巨木留存，
是台灣現有的森林遊憩區中林相變化最為細膩的一處。
氣候終年低溫涼爽，植被茂密，四季各有不同風情。
由於林相完整，區內鳥況豐富，
有種類眾多的特有種鳥類在此棲息，
全年都可看到賞鳥愛好者前來。

1. 稍來山的山頂上是欣賞雲海的極佳位置。2. 雪山區的森林植被豐富，自然資源保存良好。3. 此地午後常有豐富的水氣，是標準的中級山特徵。

大雪山森林遊樂區這一帶擁有台灣最完整、最大面積的高山巨木林相，範圍自海拔四、五百公尺開始，至海拔二千六百公尺之間的區域，涵蓋了暖溫帶闊葉林、鐵杉林及檜木林等，每一生態帶均有代表性的巨木留存，是台灣現有的森林遊憩區中林相變化最為細膩的一處，主要景點包括鳶嘴山、稍來山瞭望台、船形山苗圃、鞍馬山、雪山神木、天池等。此地自然景觀清新亮麗，終年低溫涼爽，植被茂密，四季皆各有不同風情。

秋冬季節來此最容易欣賞到雲海，尤其是立足於鳶嘴山頂或稍來山的觀景台上，經常可見變幻萬千的雲海。如果氣溫下降快速，這一帶也是欣賞楓紅的最佳地點，當楓林變色時會把整個稍來山染紅，形成一片火紅的山頭。在鳶嘴山的三角點附近有大片森氏杜鵑純林，每年四月中到五月初來此便可見滿山滿谷紅、白色相間的花海。由於林相完整，區內鳥況豐富，加上二〇〇號林道路況相當好，一般車輛均可通行，此地也成為世界著名的賞鳥勝地，全年都可見到為數眾多的野鳥品種。

不同特色的登山步道

雪山森林遊樂區內有多條規畫完整的中、短距離登山健行步道，構成網狀步道系統，每一條

3

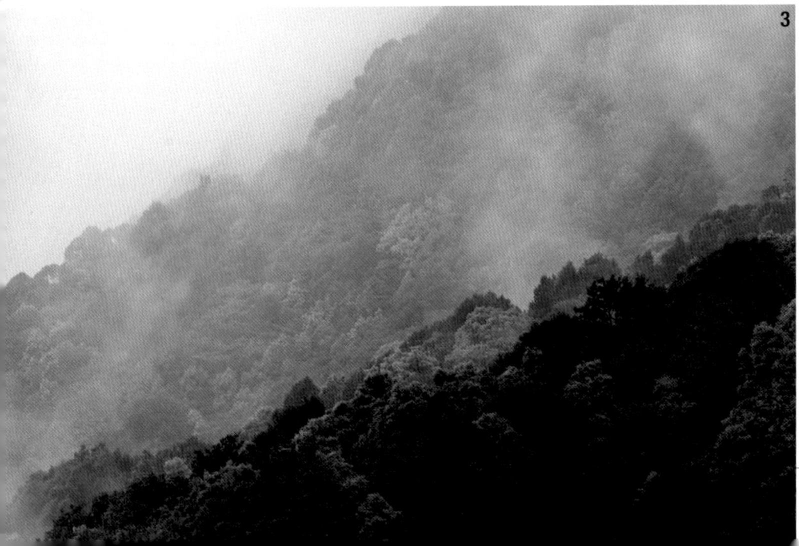

2

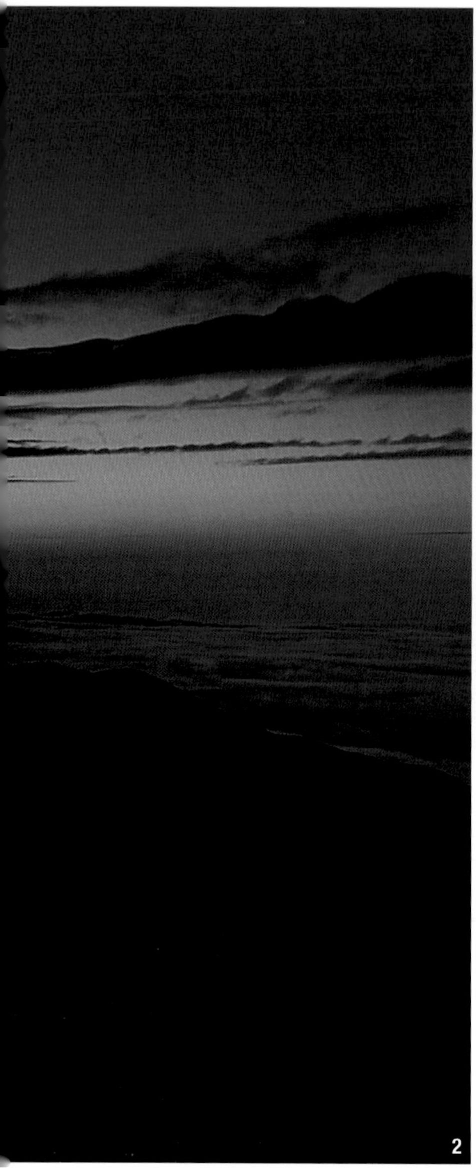

1. 小雪稍來步道是一條長度適中的輕鬆健行步道。2. 日落也是大雪山區的招牌景觀之一。

步道都各自有特色，可欣賞高大壯觀的神木或是視野展望等，這些步道主要是環繞在鳶嘴山、稍來山、鞍馬山等幾個著名的中級山之間，其中最知名的就屬驚險刺激的鳶嘴山，以及稍來山的日落視野，而這二條步道都各自有連結二〇〇林道的登山口，也可串聯起來，形成一日可往返的縱走路線。

另一條名為小雪稍來的步道則是從海拔較高的二〇〇林道末端五十公里處開始進入，途經鞍馬山、船型山等山頭，最後抵達三十五公里處的收費站，全段大約十公里的距離，對於喜愛森林浴的登山客而言，以一天的時間輕裝走完剛剛好，一般遊客若不想走這麼遠，也可以在進入步道後從中間岔路切下回到大約四十三公里處的遊客中心。在遊客中心後面有一大片古木參天的原始林，大約半小時便可走完。這片森林很適合漫步享受森林浴，更是賞花的好去處，例如春季的櫻花、夏季的毛地黃等。

而遊客中心下方的鞍馬山莊展望亦相當不錯，天氣條件許可時，這裡可欣賞到日落紅霞、翻騰雲海等壯觀的景色。這麼多

步道可依喜好安排路線走法與距離，搭配遊樂區內的鞍馬山莊或是收費站之外的多處民宿，確實是玩賞山林野趣的好去處。

進出大雪山的唯一道路——二〇〇林道

要進出大雪山森林遊樂區只有二〇〇號林道一條道路，由東勢鎮東崎街沿著這條已全線鋪設柏油的林道往山區前進，直至終點的小雪山莊為止，全長五十公里，海拔由四百公尺一路爬升至二千六百公尺左右。二〇〇號林道一路蜿蜒爬升，在三十五公里可抵收費站，收費站停車場旁就是稍來步道的登山口，還有完善的洗手間等設施。林道四十三公里處則是鞍馬山莊與遊客中心，可提供食宿服務。

在終點五十公里處另有一

1.200林道的23K處，經常有藍腹鷴在此出沒。2.紅頭山雀。

座小雪山莊，沒有提供住宿，但有簡單餐飲販售。附近有森林浴步道可步行至一座終年不涸的天池；另有一條連接道路可通往雪山神木，那是一株樹齡一千四百年的老紅檜，其樹圍十三公尺、高四十九公尺，至今仍生機盎然。二〇〇林道抵達小雪山莊就結束了，其實接下來仍有連接一條更深入山林深處的二三〇林道，只是路基崩塌已不能通行車輛，但是經過入山申請後仍可步行進入，除了可造訪有「台灣第一」銜號的大雪山紅檜神木（樹齡估計達二千八百年）之外，二三〇林道也是攀登小、中、大雪山的出入口，但是均屬長程高山縱走路線，多日才能往返，不適合一般遊客進入。

備受喜愛的世界級賞鳥天堂

由於此山區的生態環境維持原始樣貌，經常出沒的野鳥種類繁多，數量夠多且穩定，加上交通方便，已成為世界級的賞鳥勝地，經常有國內外喜愛觀察鳥類生態與攝影的愛好者前來。已被世界各國的鳥友，列為台灣賞鳥生態旅遊第一站，二〇一四年五月，這裡舉辦的國際賞鳥大賽，吸引了許多來自不同國家的賞鳥人士前來參加，結果在二十四小時之內總共發現記錄了一百四十種鳥類；其中，二十四種台灣特有種鳥類此次就記錄到了二十二種，包含了黑長尾雉、藍腹鷴、黃山雀、冠羽畫眉、五色鳥、台灣噪眉等，相當的難得。

在二〇〇號林道沿線二十三・五、二十七公里等處設有賞鳥平台，對於駐足觀察野鳥的遊人來說非常方便。最知名的就是二十三・五公里處附近，長有許多山桐子樹，冬季的結果期間，幾乎每天都吸引許多不同種的鳥兒來覓食，尤其是二十三公里處一個較開闊的彎道地方，不分季節，經常有藍腹鷴出現，所以只要天候許可，路旁的攝影大砲往往一字排開，也非常少見壯觀喔！除了鳥類之外，哺乳動物數量也多，在大雪山森林遊樂區裡很輕易就可發現獼猴、松鼠、山羌等常見動物的身影，甚至很有可能在人跡稀少的地方與山豬、黑熊不期而遇，所以在步道上有「注意熊出沒」的警告標示，這可不是開玩笑的。

歷年來該園區已記錄過至少三十科九十四種鳥類，其中包含藍腹鷴、黑長尾雉等至少十五種特有種，以及至少四十四種特有亞種。鳥類攝影愛好者常位於二十三公里架設相機等候藍腹鷴的出現，也會在四十七公里等待黑長尾雉現身。自二〇一一年起，每年四至五月東勢林管處舉辦的二十四小時賞鳥大賽，吸引國內外約四十多隊共一百多位專業及業餘賞鳥愛好者前往參加，截至目前二〇一六年四月為第六屆大雪山賞鳥大賽；此為國內舉辦過最多年的賞鳥大賽，國內外鳥友皆以此作為年度交流的平台之一。

1.步道上有各種解說牌，傳遞資訊給來訪的人。
2.森林步道上較陡的路段，多設有繩索輔助。

注意！鳥出沒

可見鳥種

黑長尾雉、藍腹鷴、黃山雀、冠羽畫眉、五色鳥、台灣噪眉等特有種，以及其他多達百種以上的鳥類。

注意事項

1. 大雪山 200 林道在 35 K 處設有收費站，票價資訊如下：

門票種類	票價	備註
全票	假日 200 元， 非假日 150 元	
半票 （含 7 ～ 12 歲兒童、學生、台中市民）	100 元	請攜帶證明文件以備查驗
優待票 （含 3 ～ 6 歲兒童、65 歲以上長者）	10 元	請攜帶證明文件以備查驗
停車費	大型車 100 元、 小型車 100 元、 機車 20 元	

2. 大雪山區除了少數民宿之外，住宿點只有鞍馬山莊可以選擇，可以提供住宿與餐飲。相關資訊可參考官網 tsfs.forest.gov.tw/cht/index.php?code=list&ids=30
3. 山區氣溫偏低，即使是夏季，仍需要攜帶禦寒衣物前往。

交通資訊

國道 3 號或國道 1 號轉國道 4 號（往東勢方向），下豐原端終點左轉接台 3 線，過東勢大橋後右轉接台 8 線（往谷關方向），約 2 公里紅綠燈處左轉，往東坑街（大雪山林道）前進，約 1.5 小時可抵達大雪山國家森林遊樂區。

spot 10

武陵農場

高山上的四季花園

此地一年到頭幾乎都有花可欣賞，
最壯觀的是每年二至三月的櫻花盛開，
四月有桃、梨等果樹開花，
五月也到處都是各色亮麗花朵；
秋冬時節更有楓香金黃色的豔麗彩葉，
來此賞鳥還可體驗被花海楓林包圍的感覺。

武陵農場的名氣眾人皆知，但是除了雪山、櫻花、露營、國寶魚之外，一般人並不太知道去武陵農場還能玩什麼。既然這兒有理想的山林資源，當然也是賞鳥重鎮啦！武陵農場緊臨七家灣溪，雖然開發已久，但是周圍景觀仍然清新亮麗，比一般的森林遊樂區更值得一遊。區內也有許多景觀健行步道，且此地還有頗完整的單車專用道，幾乎沿途都算是騎乘在花叢之中喔，除了櫻花鉤吻鮭不易看見之外，來此地仍是有極高的視覺享受。這座高山型的森林公園地勢落差極大，場本部的海拔高度約為一千七百五十公尺，雪山的登山口卻高達二千一百公尺左右，造就了豐富的自然景觀。

騎單車欣賞花海景致

武陵農場的地形為狹長狀的封閉谷地，夜晚時會有逆溫的現象，氣溫甚至低於周圍較高的山區。即使是夏季，夜晚仍會讓人感受到涼意。花團錦簇是最貼切這裡的形容詞，來此賞鳥有種被花海包圍的感覺，此地一年到頭幾乎都有花可欣賞。最壯觀的是每年二至三月的櫻花盛開，稱得上是台灣地區最漂亮的櫻花樹叢林了；四月有桃、梨等果樹開花，五月也到處都是各色亮麗花朵；秋冬時節更有楓香金黃色的彩葉，寒季期間，尤其在七家灣溪畔到處都是豔麗的楓紅。

武陵農場範圍內許多優美的步道並不開放汽車進入，如果可以的話，最好的方式還是開汽車載著單車前往最佳，汽車可停放在場本部的停車場。這裡帶狀的景點讓賞鳥客們能夠順暢地騎單車飽覽各處風光，包括果樹展示區、休閒農莊、松林小徑、露營區、水蜜桃園、觀魚台、櫻花鉤吻鮭復育中心、櫻花園、大波斯菊園等，雖然許多地形讓單車騎起來頗為辛苦，但是除了坡度大之外，基本上並無任何危險地

這裡的野鳥極多，遊人隨時都可以抬頭欣賞牠們的身影。

1.農場內的住宿條件極佳。2.武陵農場周圍高山環繞，這裡也是許多百岳名山的入山必經之地。

形，有些路段也許步行牽車更能仔細觀察欣賞沿途的景致。

賞鳥之餘的必遊景點

當然在這種環境賞鳥一定可以發現很多種野鳥的，武陵農場官方的紀錄中，包括冠羽畫眉、青背山雀、紅頭山雀、巨嘴鴉、火冠戴菊鳥、虎鶇、繡眼畫眉、河烏、鉛色水鶇等常見鳥類。除了豐富鳥種及植物生態，這裡有幾處特色景點，既然來了也不能錯過。

兆豐橋

收費站附近的兆豐橋是極佳的攝影地點，尤其是午後溫暖的光線，讓紅白相間的橋身更顯味道。站在兆豐橋上可駐足觀賞橋下七家灣溪兩岸美麗的景色，以高山溪谷而言，算是相當漂亮的。過橋之後就是秋後最熱門的波斯菊花海賞花地點，我認為除了賞花之外，花季期間的攝影器材集結盛況，也值得一看。

觀魚步道

櫻花鉤吻鮭是台灣特有的冷水性魚類，現在只剩下七家灣這條溪裡大概還剩個幾條，事實上當然不太可能在步道上觀察到這種國寶魚，但是這條觀魚步道的風景還不賴喔。

雪山登山口

在雪山登山口有一幢美麗的歐式木屋，登山客從武陵附近要進入雪山主東步道都需在此處檢查證件，一定要確認在七卡山莊或三六九山莊有床位，並清點人數後，再看完約十分鐘左右宣導短片才能放行。儘管許多一般遊客採當日往返，並不會在七卡或三六九山莊過夜，但這是為了要讓每一位登山客認識自然環境以及遵守規矩，所以還是得強制觀賞完宣導短片；對於新手而言，這段影片可是很容易在腦海裡留下深刻印象。

1. 橋樑多也是此地的玩賞重點。2. 七家灣溪是櫻花鉤吻鮭的保育重地。3. 武陵農場的櫻花遠近馳名。

注意！鳥出沒

可見鳥種

有冠羽畫眉、青背山雀、紅頭山雀、巨嘴鴨、火冠戴菊鳥、虎鶇、繡眼畫眉、河烏、鉛色水鶇等鳥類。

注意事項

1. 武陵農場提供的住宿服務有國民賓館、休閒農莊、山水館等多樣選擇。賓館訂房專線（04）2590-1259 分機 2001 ～ 2002（服務時間 8：00 ～ 21：00）相關資訊可參考官網 www2.wuling-farm.com.tw/room/
2. 此地亦有露營營區及裝備可供租用，相關資訊可參考官網 www2.wuling-farm.com.tw/camp/
3. 進入武陵農場需購票，票價資訊如下：

門票種類	票價	備註
全票	假日 160 元， 非假日 130 元	
團體全票或其他 （含學生、軍公教警、原住民）	假日 130 元， 非假日 100 元	限 30 人以上團體
半票 （含 7 ～ 12 歲兒童、65 歲以上長者、低收入者）	80 元	請攜帶證明文件以備查驗
優待票 （含 6 歲以下學齡前兒童、身心障礙者、榮民、附近地區原住民）	10 元（保險費）	榮民配偶、直系血親，及身心障礙者之照護 1 名亦可享優惠，請攜帶證明文件以備查驗
停車費	大型車 80 元、 小型車 50 元、 機車 10 元	

交通資訊

1. 從台北前往由國道 5 號往宜蘭方向，經台 7 線員山轉台 7 甲線南山方向前行，即可抵達。
2. 從台中前往可由國道 6 號或中投快速道路，行經台 14 線埔里、霧社，往台 14 甲合歡山，轉台 8 線梨山方向後，行至台 7 甲線右轉，繼續前行即可抵達。
3. 從花蓮前往可由台 8 線行經太魯閣、大禹嶺後，往梨山方向前行，行至台 7 甲線右轉，繼續前行即可抵達。
4. 或可選擇搭乘國光客運、台中豐原客運前往至武嶺農場下車。

spot 11

高美濕地

稀有黑嘴鷗光臨人氣濕地

此區已是國家級的重要濕地，
擁有豐富多元的濕地生態。
高美海堤一帶的泥灘地最受大眾遊客歡迎
每年秋冬時期會聚集大量的候鳥，
陸續抵達此地度冬或過境。

1

高美濕地位於台中市清水區，包括大甲溪出海口，是一處混合淡水與海水交替所構成的海岸濕地。自從台中港北岸的堤岸築起後，大甲溪挾帶的泥沙逐漸淤積，成為現今所見的「高美濕地」。其中高美海堤一帶的泥灘地是最受大眾遊客歡迎的濕地，面積約三百餘公頃，每年的秋冬時期這裡都會聚集大量的候鳥，陸續抵達此地度冬或過境。此區已是國家級的重要濕地，海岸全長約三・五公里，擁有豐富多元的濕地生態。二〇〇七年十二月行政院內政部國家重要濕地評選小組將此地評選為「國家級重要濕地」，並於二〇一一年正式公告。

根據中華鳥會資料庫自一九九五年至二〇一四年之紀錄，本區的鳥類至少一百九十種，其中的保育類鳥類有黑面琵

1. 魚鷹獵捕水面獵物的一瞬間。2. 由於灘地水淺，總是吸引遊客脫下鞋子直接走入。3. 木棧道的架設讓更多人得以親近濕地，不過假日的人潮實在太多。

鷺、唐白鷺、彩鷸、大杓鷸、燕鴴、魚鷹、黑翅鳶、東方澤鵟、短耳鴞、黑嘴鷗、小燕鷗及蒼燕鷗等。在這裡可看見包括候鳥及本地原生留鳥等一百三十多種鳥類，其中最稀罕的是瀕臨滅絕的黑嘴鷗，全球只剩數千隻。高美濕地中的生物多樣性相當豐富，有非常多的底棲生物及蝦蟹貝類，尤其是潮間帶有大量和尚蟹出沒，還有為數眾多的魚群，造就適合鳥類生存的棲息環境。

人類帶來環境的隱憂

這裡已經是中部地區著名的觀光景點，廣大的面積不但擁有豐富多樣的濕地生態，還看得到一整排相當壯觀的大型風車陣仗，最特別的是在堤防邊設有深入泥灘地裡長長的木棧道，入口處有大型的解說牌，真的是假日遊憩親水的好去處！尤其是天氣

1. 東方環頸鴴。2. 走在海面上的木棧道，可眺望高美濕地的全景。3. 堤岸步道不僅可以散步，也設有涼亭供遊人休息。

晴朗時的夕陽景觀，最是醉人。漫步架於海面的木棧道上，一邊吹著海風，看螃蟹、看鳥，對於一般遊客來說，還真是人生一大樂事；又或沿著道路邊的堤岸步道散步，堤岸上設有幾處休憩涼亭，讓遊人可以停下來欣賞濕地之美。

但現在因為假日遊客眾多，在堤岸的內側已經有了多家小吃攤以及收費停車場，由於太過知名，也常有很多香港、東南亞和中國的觀光客，只要天氣好，又遇上假日的話，人潮大概擠爆了，所以其實這裡已經不是生態觀察的首選地點，尤其夏天的海邊非常熱，上午七點至下午四點之間其實都不適合。

由於高美濕地的名聲太過響亮，每逢假日實在人潮洶湧，卻不是每個人都懂得愛惜自然，還是有相當多沒有公德心的遊客會

隨意亂丟垃圾。這些濕地的生態環境已逐漸被破壞，雖然地方政府積極推動在地觀光，但顯然管理方式無法應付這樣的生態保育需求，無法發揮對一般遊客潛移默化的教育功能。當地政府主管單位不但沒有規畫遊玩動線，甚至濕地上木棧道的末端也未設管制，任由眾多民眾跳入泥灘地抓蟹踩踏，甚至有不少人們身上攜帶的食物包裝、衛生紙之類的東西，被隨手丟棄，完全不懂得尊重生態環境，也不了解為什麼要保留原始景觀，所以除了濕地底棲生物之外，有些原有的野鳥也正逐漸減少。

注意！鳥出沒

可見鳥種

此區的保育類鳥類有黑面琵鷺、唐白鷺、彩鷸、大杓鷸、燕鴴、魚鷹、黑翅鳶、東方澤鵟、短耳鴞、黑嘴鷗、小燕鷗及蒼燕鷗等；最稀罕的候鳥是全球只剩數千隻，瀕臨滅絕的黑嘴鷗。

注意事項

1. 此區沒有開放時間的限制，如有問題請洽高美濕地的諮詢服務專線（04）2526-3100 轉 2670
2. 假日人潮眾多，行車道路狹小，周邊停車不易。
3. 冬季期間，海邊空曠處氣溫低、風勢強，前往時需注意保暖與防風。

交通資訊

1. 駕車於國道 1 號接國道 4 號西行往台中港方向，接臨海路／西部濱海公路／台 17 縣，於三美路／中 51 鄉道右轉，接高美路／中 50 鄉道即可抵達。
2. 大眾運輸可搭乘火車至清水站下車，轉搭客運至高美濕地站。

spot 12

合歡山

穿梭最美的高山公路間

合歡山區的賞鳥季節頗長，
每年三月至九月陸續開花結果的高山植物不少，
也吸引了為數眾多的野鳥族群。
穿越合歡山區的台十四甲線公路算得上是國內最佳的高山
景觀公路，任何季節前往景色皆十分優美，
尤其冬季積雪期更是最受歡迎的賞雪地點。

合歡山區不僅是台灣的熱門鳥點，更是外國賞鳥人到台灣賞鳥必訪的重點行程。如果由台七甲線公路進入合歡山區，沿途即可欣賞到多種山鳥出沒道路二旁。在公路的最高點附近，經常可以看到岩鷚、黃羽鸚嘴等野鳥。在合歡山莊附近也能見到深山鶯、酒紅朱雀、金翼白眉、栗背林鴝與火冠戴菊鳥。其中，酒紅朱雀、金翼白眉和岩鷚，是這裡最容易親近的高山鳥類。合歡山區的賞鳥季節頗長，每年三月至九月陸續開花結果的高山植物不少，也吸引了為數眾多的野鳥族群。

穿越合歡山區的台十四甲線公路算得上是國內最佳的高山景觀公路，任何季節前往景色皆十分優美，尤其冬季積雪期更是最受歡迎的賞雪地點。武嶺的海拔高度達三千二百七十五公尺，

也是全台灣公路的最高點，除了一般遊客與登山者之外，目前專程前往賞鳥的人並不算多。一般所說的合歡山區範圍從大禹嶺開始，沿著台十四甲線越過武嶺直到昆陽為止，這是國內相當精華的一段高山景觀公路。

美麗綻放的玉山杜鵑

春、夏之交，是台灣高山野花開始盛開的時節，亮麗多彩的夏日花季腳步已經到來。五、六月便是親近台灣高山上杜鵑花的最佳時機，盛開的花團幾乎遮蔽綠葉，一團團奼紫嫣紅，鋪滿在玉山箭竹草原之中，亮麗又繽紛。台灣的高山杜鵑主要有紅毛杜鵑與玉山杜鵑兩種，紅毛杜鵑分布在中、高海拔，陽光充足的環境，經常和玉山箭竹、高山芒混生在一起。玉山杜鵑是台灣花形最大，生長海拔最高的杜鵑，

2

3

1

1. 台14甲線經過合歡山區，是台灣最高的公路。2.台灣噪眉（金翼白眉）。3. 岩鷚。

主要分布高海拔山區，一般在海拔三千多公尺以上的百岳級峰頂上可見到。

台灣噪眉又稱金翼白眉，是台灣高山上常見的特有種鳥類，因外型具有金黃色的雙翼及白眉而得名，明顯的白色眉線及顎線，由正面觀察像四道白眉。棲息地為高海拔針、闊葉混合林，開闊灌木叢或樹林，冬天會降遷至中海拔山區，常單獨或三五成群出現在山區樹林。牠喜愛昆蟲、小蜥蜴或漿果，因不擅飛，也較少振翅，遇到干擾時會以跳躍方式離去。來此賞鳥之際，又能見到美麗的花海，十分值得。

最輕鬆的百岳步道

合歡群峰是指合歡主峰、合歡東峰、合歡北峰、合歡西峰、石門山、合歡尖山等山峰，其中前五峰被列入「台灣百岳」；除合歡西峰稍具難度外，其餘各山頭在長時間的建設之下，目前均屬低難度的一般旅遊路程。把合歡群峰當作攀登高山百岳的入門路線比其他的山區都更方便，除非刻意要體驗野地過夜的美好，不然都能夠在一天之內往返公路上，只要天氣晴朗，非積雪與颱風來襲期間，不然一般時節前往都沒有什麼迷途或是其他安全上的顧慮。

一般前往合歡山區的賞鳥行程並不需要真的走完合歡群峰，但是這一帶山區的路況良好，距離也短，也不需要重裝背負食宿裝備在野地裡過夜，如果能就近

1. 松雪樓是此地最佳的住宿點。2. 每年春夏交替之際，便是高山杜鵑盛開的時候。

在松雪樓或是稍遠一點的觀雲山莊住宿的話，在此玩個三天二夜也是頗為值得，因為只需要背負輕裝與一把雙筒望遠鏡，即可順道登上這幾座百岳級的高山，如果天氣良好的話一定可以玩得很盡興。以下介紹合歡群峰中除難度稍高的合歡西峰外，其餘四座各有不同特色的百岳山峰。

石門山步道

石門山的海拔高度三千二百三十七公尺，山頂設有一座三等三角點，雖號稱百岳，但從公路可以直接到達登山口，就從公路邊的登山口沿著步道攻頂，只要幾百公尺的距離，大約三十分鐘內可抵達山頂。站在山頂的三角點處展望極佳，四周高山景觀盡收眼底，而沿途都是緩緩的草坡和步道，即使是老人或小孩都可沿著步道走上去，不順道走一趟實在是可惜。

東峰步道

合歡東峰步道最好走的登山口在滑雪山莊旁，由合歡山觀景台下方的水泥路進入，經過松雪樓之後，就能見到這條木棧道。這是一條坡度和緩的木造階梯步道，由此慢行約一小時左右可登上峰頂，並不難走，是老少咸宜的大眾路線。

合歡東峰是除了石門山之外最值得走的一條步道，如果是在五月開始的玉山杜鵑花季前往，沿途都可以見到滿山遍野的玉山杜鵑盛開，直到峰頂都是；沿途也能欣賞到許多高山野鳥，尤其是金翼白眉和酒紅朱雀，站在峰頂上除了可以眺望四周的叢山峻嶺之外，這些野鳥也會相伴左右，並不太怕人。即使沒有攜帶專業的長鏡頭，可能也有機會近

注意！鳥出沒

可見鳥種

在台 7 甲公路的最高點附近，經常可見岩鷚、黃羽鸚嘴等野鳥。合歡山莊附近也能見到深山鶯、酒紅朱雀、金翼白眉、栗背林鴝與火冠戴菊鳥。

注意事項

1. 位在合歡山附近的松雪樓、滑雪山莊、觀雲山莊等住宿點，若於假日前往一定要先預定，否則一房難求。
2. 高海拔地區由於空氣較稀薄，行走活動勿太過勉強，在合歡山莊備有投幣式氧氣供應機，如有需要可利用。

交通資訊

1. 從埔里方向前往，由台 14 線行經霧社，走台 14 甲線至合歡山。
2. 由花蓮太魯閣前往，走台 8 線至大禹嶺，轉台 14 甲線至合歡山。
3. 若非自行開車前往，可搭乘豐原客運 6506 班次往梨山方向，相關資訊可參考此網站。www.fybus.com.tw/data/3/601b.htm

距離拍攝到牠們的身影，更不用說用望遠鏡欣賞了。

主峰步道

合歡主峰周圍沒有其他障礙物，也是視野極佳、展望良好的山頭，山頂上有三等三角點。有一條開闊的便道可以銜接台十四甲公路三十・八公里處，當然，在入口處設有柵欄禁止車輛進入。由下方柵欄處開始沿著水泥路步行上主峰，也只要約五十分鐘左右就可走到山頂；由於這條步道太過好走，沒有什麼挑戰性，所以也吸引非常多扛著重裝備的攝影愛好者前來取景，倒不一定是要拍攝野鳥，也有很多是為了夜晚的星空而來，因為主峰頂的高度夠，也沒有太多的光害，這裡也是拍攝天文景觀的理想地點。

1. 合歡山有最高海拔的「特有生物研究保育中心」。
2. 日出時的奇萊北峰剪影。

北峰步道

前往北峰的距離稍微遠一些，由登山口來回大約需要半天時間，景觀較自然原始，以大面積的波浪狀高山箭竹草坡聞名，五、六月間同樣有相當壯觀的玉山杜鵑與其他各式高山野花的景觀，當然隱藏其間的各式野鳥也不在少數。

合歡北峰因山形圓潤平緩，高度又夠，從中橫公路的金馬隧道到大禹嶺間的路段，以及西面的台十四甲公路沿線的合歡山莊至小風口之間，都可看見接近山頂的稜線上有一座巨型的反射板，可說是北合歡山最明顯的地標。北峰的登山口位於台十四甲線三十六・七公里處的小風口附近，鄰近合歡山管理站，所以一般都是將車輛停放於此，而且管理站有販售簡單餐飲的服務，對遊客非常方便。

spot 13

鰲鼓濕地

獨特環境孕育豐富生態

多年前第一次到鰲鼓濕地時，
當鬱蔥的樹林、壯闊美麗的濕地及群鳥飛翔的畫面映入眼簾時，
心中不禁讚嘆生在有如此美景的台灣真是幸福。
這裡有獨特的生態、地景等景觀，
最吸引人的是這兒擁有豐富的鳥類生態資源，
包括多種保育鳥類。

濕地位於嘉義縣東石鄉鰲鼓村西方，範圍包括東石農場、鰲鼓農場及溪子下農場，面積約一千六百餘公頃，這裡有獨特的生態、地景等景觀，最吸引人的是這兒擁有豐富的鳥類生態資源，包括多種保育鳥類。這片土地原是海埔新生地，在一九七二年時政府將此地轉交由台糖公司經營，當土壤中的鹽分逐漸淡化，此海埔新生地成為了可用的耕地，當時放眼望去盡是一片廣闊的甘蔗田。之後由於台灣產業結構改變，蔗田面積逐漸縮小，同時該區地層下陷，颱風季節時海水越過閘門，淹沒約三百公頃土地，造就了廣大的濕地，孕育出豐富精采的自然生態。

此地和其他賞鳥景點有很明顯的差異，在這裡可以同時看到濕地、沼澤和森林等完全不同的地貌，這樣的環境當然會吸引不同的動植物種類在此棲息與生長，根據中華鳥會資料庫，本區共記錄鳥種至少二百八十種以上，保育類有五十種以上，其餘的統計數據也顯示，此地的植物多達三百多種，動物則超過六百種，除了鳥類之外，也包括其他如兩棲類、爬蟲類等，當然也有繁多的水族生物，走一遭就能讓人收穫滿滿。

豐富的生態與環境

鰲鼓森林園區的範圍很大，具備良好的自然生態條件，對鳥類來說是個相當理想的棲息地點，一年四季都有不同的野鳥在

1. 大白鷺。2. 翠鳥。3.小鸊鷉。

此駐足，來此賞鳥可欣賞到的鳥種和數量非常多，是賞鳥愛好者最喜歡的地點之一。

這一帶的多樣棲地型態也造就各有特色的生物族群，在鰲鼓濕地的中央是廣達數百公頃的造林區，完全是野生動物的天堂，電線桿上、樹枝間，經常可見各種鳥類的生活姿態，像是隨時都會在頭頂瞬間飛越的各種猛禽，樹林間、灌木叢裡，野鳥們的鳴唱叫聲一直都不停息，還有環頸雉、紅冠水雞、野鴝，其中魚鷹屬於不普遍的冬候鳥，雌雄相似，虹膜黃色，嘴黑色，蠟膜藍灰色，灰白的腳趾內側有大小不一的棘狀突起，這是為了補抓滑溜的魚類而進化長成。通常棲息在海邊、河口、湖泊及沼澤等大型水域環境的牠，會在水域上空慢速飛行，發現魚類後在空中先懸停，或定點振翅加以確認目標，待魚隻浮近水面，再從空中加速俯衝入水中抓取獵物。如果有心在此觀察每一隻被發現的鳥兒，你可能得搬家去鰲鼓濕地的樹林裡才方便。

令人目不暇給的野鳥姿態

沿著防汛道路邊的帶狀水道漫步，是近距離觀察小鸊鷉、紅冠水雞及各種鷺科鳥類的最佳地點。其中又以南堤濕地的鳥況最為豐富，蒼鷺群、大小白鷺、夜鷺、紅嘴鷗、翠鳥等常見的野鳥大概就已經是數以千隻了吧，一會兒整群飛上天空，一會兒又快速降落水面，絕對令人目不暇給，非常好看。

天氣好的話，來此賞鳥可以考慮騎單車代步，沿著ㄈ字型的防汛道路環行一周大約只有十五公里的路程，一天玩下來，真的非常爽快。這兒也有好幾處

1. 5號賞鳥亭。2. 琵嘴鴨。3. 鸕鶿。

觀景平台，在平台上附有很多解說牌，可以使人一目瞭然濕地環境的重要性。此地的濕地範圍相當大，鳥兒與人群的距離其實很遠，所以透過望遠鏡看到的這些野鳥，看來都能安心地覓食與休息，也因此這裡的生態景觀一切都顯得生動而自然。

白冠雞。

注意！鳥出沒

可見鳥種

防汛道路邊的帶狀水道可以近距離觀察小鷿鷈、紅冠水雞及各種鷺科鳥類。南堤濕地則常有蒼鷺群、大小白鷺、夜鷺、紅嘴鷗、翠鳥等數以千隻的野鳥。

注意事項

1. 每年十月至隔年三月是當地賞鳥的最佳季節。
2. 開車載單車前往賞鳥最方便。
3. 園區內有很多大樹可提供良好的遮蔽保護，天氣愈冷，風浪愈大，這裡的鳥況也好，但因為園區靠近海邊，請注意個人防風、保暖及防曬等防護工作。
4. 此地禁止遊客攜帶犬、貓等哺乳類動物進入園區。

交通資訊

1. 大眾運輸方面可先至高鐵嘉義站或嘉義火車站，搭乘嘉義客運之「嘉義到朴子」路線，於朴子站轉搭「朴子到海埔地」，沿途會停靠鰲鼓 1 站及鰲鼓站；但是濕地範圍面積廣大，搭乘大眾運輸前往賞鳥並不適合，由於環園車道開放車輛通行，因此開車會較為方便。
2. 國道 1 號嘉義系統接東西向快速道路東石─嘉義線（台 82 線），朝西往「東石」方向，經過東石大橋右轉台 17 線，於台 17 線 113.5 ～ 114K 處，左轉經過台 61 線涵洞向西直行，即可到達園區服務中心。
3. 南下西濱快速道路（台 61 線）於水井交流道出口下（台 17 線），經雲嘉大橋於園區迎賓涵洞之路口右轉向西直行，即可到達園區。
4. 北上西濱快速道路（台 61 線）於東石交流道出口下，於台 17 線 113.5 ～ 114K 處左轉，經過台 61 線涵洞向西直行，即可到達。

spot 14

七股黑面琵鷺保護區

秋冬季重要的棲息地

提到台南的七股濕地總會讓人聯想到黑面琵鷺，
因為每到候鳥季時，這裡就變成黑面琵鷺的主要度冬地之一。
七股沿海地區保存了大面積的濕地生態系，
也分布大量的紅樹林，
河口濕地這樣的地理環境自然也吸引了鳥類在此棲息。

台南沿海地區人為開墾的歷史相當久遠，歷史古蹟豐富而完整，台南的七股沿海地區保存了大面積的濕地生態系，不僅分布大量的紅樹林，並成為黑面琵鷺等珍稀鳥類重要的棲息地。海埔地與沙洲地形是台江國家公園區域的一大特色，在近岸地帶有寬廣的潮汐灘地和一連串的離岸沙洲，曾文溪口及鹿耳門溪口附近的淡海水交會地帶，有高營養的水質，河口濕地的生產力遠高於一般的農田，帶來豐富的浮游生物和魚蝦蟹貝的生物族群，這樣的地理環境自然也吸引了鳥類在此棲息。

七股地區的範圍相當大，一般所謂的賞鳥區，多集中在黑面琵鷺的賞鳥亭一帶，提到七股濕地總會讓人聯想到黑面琵鷺，因為每到候鳥季時，這裡就變成黑面琵鷺的主要度冬地之一，是在台灣集體隻數最多的地方。七股濕地的範圍包括七股鹽場西區鹽區及中寮鹽區，為全台面積最大的鹽場；但是目前七股鹽灘已全面停曬。七股地區其鳥類資源包含有黑面琵鷺、東方白鸛、諾氏鷸、遊隼、草鴞、小燕鷗、鳳頭燕鷗、唐白鷺、黑鸛、白琵鷺、花臉鴨（巴鴨）、松雀鷹、赤腹鷹、灰面鵟鷹、鳳頭蒼鷹、澤鵟、魚鷹、紅隼、短耳鴞、半蹼鷸、燕鴴、紅尾伯勞、東方環頸鴴、高蹺鴴及反嘴鴴等。

瀕臨滅絕的明星鳥種

黑面琵鷺是瀕臨滅絕危機的稀有鳥種，二〇一四年全球普查總數量不超過三千隻，七股地區是目前全世界黑面琵鷺數量最多的度冬棲息地，台灣已經成為全世界最重要的黑面琵鷺度冬地區。保護區內設有黑面琵鷺生態

成群的黑面琵鷺。

1. 黑面琵鷺生態教育館後方的賞鳥亭。2. 保護區內的指示牌。

展示館，館內提供黑面琵鷺的詳細介紹，並有義工架設單筒高倍率望遠鏡，於館內提供民眾免費觀看使用。展示館右側有一處賞鳥亭及賞鳥平台，可從此處眺望岸邊的黑面琵鷺，此處也設有生態解說牌，介紹黑面琵鷺的全球分布及活動範圍，每年十月至隔年四月及五月是賞鳥期。

　黑面琵鷺成鳥全身為白色，臉部黑色裸露皮膚從嘴巴延伸至眼睛周圍，因此而被名為「黑面琵鷺」。牠的嘴長而直，前端扁平如飯匙形狀，上嘴具有皺摺紋，紋路會隨年齡而增加。平時喜歡棲息在遼闊濕地、河口及魚塭等水域，長成小群聚集覓食，會將長嘴伸入水中左右橫掃，捕食魚蝦及無脊椎動物等。

失而復得的珍貴環境

　一九九三年的濱南工業區開發案為了興建煉油廠與煉鋼廠，曾經差一點毀掉這裡的潟湖與鹽田，經過無數保育團體發起搶救珍貴濕地與黑面琵鷺的運動之後，努力堅持了十三年，終於獲得官方的暫時停止開發，而得以暫時保住這裡的珍貴環境。

「台江國家公園」於二〇〇九年時於此地區成立，總面積包括陸域和水域環境合計三萬九千多公頃；包括台南市鹽水溪至曾文溪沿海公有地，及黑面琵鷺保護區、七股潟湖等範圍，目的在保育濕地的生物多樣性、先民移墾歷史及漁鹽產業文化等三大特色，目前台江國家公園也有推出多種行程讓遊客參考，有半日遊、一日遊、二日遊，甚至還因應潮流推出單車旅行建議路線，內容涵蓋產業、生態、史蹟等領域。來此最佳的賞鳥及拍照的時間全年皆宜，但是以冬季最佳，尤其是晴朗天氣的夕陽時分，大批群鳥飛過魚塭的畫面，是賞鳥和攝影人最滿足的時刻。

1. 當地有許多漁業養殖池，也是野鳥喜愛的食物來源地。2. 在賞鳥亭的觀鳥窗觀看野鳥，較為隱密，可降低對野鳥的干擾。3. 小辮鴴。

1.賞鳥亭常有解說員在此解說濕地鳥類生態。2、3.此地的裝置建設都和野鳥相關，非常有趣。

注意！鳥出沒

可見鳥種

此地區有黑面琵鷺、東方白鸛、諾氏鷸、遊隼、草鴞、小燕鷗、鳳頭燕鷗、唐白鷺、黑鸛、白琵鷺、花臉鴨（巴鴨）、松雀鷹、赤腹鷹、灰面鵟鷹、鳳頭蒼鷹、澤鵟、魚鷹、紅隼、短耳鴞、半蹼鷸、燕鴴、紅尾伯勞、東方環頸鴴、高蹺鴴及反嘴鴴等。

注意事項

1. 台南地區全年日照充足，七股地區環境開闊，前往賞鳥或拍攝時，夏季須注意防曬，冬季須做好保暖與防風的準備。
2. 附近商店很少，需自備飲水、零食，以自行駕車前往為佳。

交通資訊

1. 南下國道 1 號麻豆系統交流道下，右轉接 176 縣道，再左轉接台 17 線往南方向，右轉接 173 縣道，抵達黑面琵鷺生態展示館。
2. 北上國道 1 號接國道 8 號，下新吉交流道往北，左轉接 173 縣道，抵達黑面琵鷺生態展示館。

spot 15

四草野生動物保護區

水鳥最愛的棲息地

這裡非常適合水鳥類棲息，
九月份漸入到候鳥高峰期，一直持續到寒冬，
經常可見非常大群的小白鷺、大白鷺等體型較大的鳥類，
整群從紅樹林樹叢間飛起，尤其是天氣晴朗的日子，
在傍晚夕陽餘暉襯托下，自然景觀自成一格。

四草野生動物保護區的面積很大，地理位置正處於台南鹽水溪和嘉南大圳排水道匯集的北方，大致分為三個區塊，但是陸路並不相連，只有水域相通。這一帶原為潟湖與淤積而成的海埔新生地，後來被開發為鹽場及魚塭，到處都是鹽田、溝渠，河口沙洲的潮間帶等形成的濕地環境，孕育了許多蝦蟹、螺貝與魚類生物，也間接吸引鳥類來覓食，適合水鳥棲息，這裡已成為台灣最重要的濕地之一。由於這裡是非常適合水鳥類棲息的天然優良環境，每年冬季都有許多北方來的候鳥來此過冬，尤其是高蹺鴴在此大量繁衍，是在台灣繁殖最多的區域。

「濕地」是指介於水域及陸域之間的大面積環境，如同沼澤，水深一般很淺，但是在生態學上，濕地環境提供的富足營養，使得魚蝦、貝類與底棲生物豐富，也因此吸引了許多鳥類在此繁殖、覓食，或當作遷徙度冬的活動場所，具有極高的生態價值。也因濕地生態資源豐富，台南市政府於一九九四年十一月公告將此地劃設為野生動物保護區，已經停止曬鹽以保育當地的生態。

現在的四草生態保護區不僅是野生動物的保護區，也是環境教育及生態遊憩的好地方，除了賞鳥之外，這裡的許多水道以及出海口沿岸地區也經常有相當多的釣客在此地釣魚。此外，由於四草這一帶的紅樹林生態資源豐富，在台江國家公園成立後，除了賞鳥亭的建設之外，也利用現地的濕地資源，開發出搭乘膠筏優遊紅樹林形成的綠色水域隧道，吸引一般大眾來此體驗四草濕地生態之旅。

水鳥的棲息天堂

附近水域長滿紅樹林植物和一些鹽生性水草，加上為數眾多的鳥類動物，經常可以見到非常大群的小白鷺、大白鷺等體型較大的鳥類，整群從紅樹林樹叢間飛起，自然景觀自成一格。尤其是天氣晴朗的日子，在傍晚夕陽餘暉襯托下，天空和水岸由金黃色逐漸轉為紅色的過程，景色非常祥和美麗，這裡也算是自然攝影愛好者的理想取景地點。

四草地區累積記錄過兩百種鳥類，大部分屬於候鳥類，每年九月至十一月有大量從北方南下過境的候鳥在此棲息、覓食，直到隔年大約五月中左右，為春季候鳥北返遷徙期。在四草這裡看得到的鳥類當中以鷸科鳥類最多，有台灣地區最大高蹺繁殖族群在此繁衍後代。另外，最受矚目的黑面琵鷺除了在鄰近的七股地區之外，在這裡每年也都能發現大約三百隻以上在此度冬，其他例如鷗科、鷺科、雁鴨科鳥種數量亦不少。

當地鳥類資源

夏秋之際，遠自北方如西伯利亞等地飛來的候鳥即漸漸大量湧現，其中的過境鳥會往南飛至澳大利亞，直到隔年的春季才北返回繁殖地。這裡可見一些已適應本地環境的東方環頸鴴，少數從冬候鳥變為本地的留鳥，並在清明前後開始配對交配及築巢繁

1. 這裡的水道也非常密集，提供野鳥很好的棲息環境。2. 入口處設有解說牌。

殖下一代。牠們覓食時會小跑一段後，停下並啄食泥灘上的昆蟲、枝節動物及軟體動物，常在退潮時飛至灘地覓食，漲潮時飛到乾地棲息。

雖然這裡稱得上是水鳥的天堂，到處充滿自然野趣，卻也同時存在著隱憂。儘管附近觀光景點甚多，但是除了連續假期之外，大致上人為干擾並不多，但是自一九九六年開始，陸續動工的台南科技工業區不斷地開發，直到現在仍未停止，造成保護區周遭濕地面積的縮減和鳥類棲息地的破壞，在視覺上也顯得非常衝突。

1. 四草的水上遊憩是近年受歡迎的生態旅遊項目。
2. 天空中以V形編隊的候鳥。3. 卷羽鵜鶘。

1、2、3.四草野生動物保護區鄰近工業區，人為開發的壓力對此地的自然生態有著不良的影響。

注意！鳥出沒

可見鳥種

附近經常可見大群的小白鷺、大白鷺等體型較大的鳥類，在此地看得到的鳥類當中以鷸科鳥類最多，也有高蹺鴴在此大量繁衍後代。每年也可在這裡發現黑面琵鷺，以及其他如鷗科、鷺科、雁鴨科等不少鳥種。

注意事項

1. 四草野生動物保護區位處偏僻，範圍遼闊，如要尋找鳥類蹤跡，大眾交通運輸很不方便，欲前往建議以自行駕車最方便。
2. 觀賞水鳥生態要距離鳥兒愈遠愈好，所以使用雙筒望遠鏡觀察時，以 10X32 或 10X42 規格為主。
3. 若要更清楚觀察到鳥兒的細節、生活，可以將車停妥熄火，坐在車內不要下車，不但較可避免驚嚇到鳥兒，也比較舒適。
4. 附近距離台南市區不算遠，食宿都可以在台南市區解決。

交通資訊

1. 國道 1 號永康交流道下，接台 1 線在中華北路底轉台 17 線濱海公路，左轉本田街直行，再左轉四草大道可抵達。
2. 國道 3 號新化系統交流道轉至台南端交流道下，往台 17 線濱海公路，經科技工業區，行經本田街直走可抵達。

spot 16

墾丁

秋季限定的壯觀鷹河

一般人去墾丁，多半在人潮、商店多的海邊附近活動，並不知道此地還可以賞鳥。每年秋天猛禽類就會大量出現在墾丁地區的天空，數量多到如壯觀的「鷹河」，成為當地最了不起的自然生態景觀。

墾丁地區是台灣南端最知名的旅遊勝地，不論是陸地上還是海面上，甚至是海面下，因為有完整的自然環境，適合進行各式各樣的戶外休閒活動，因而全年都適合前往休閒旅遊，目前這裡也是外國遊客來台灣必去的度假地點。但是一般人去墾丁多半都是擠在墾丁大街、鵝鑾鼻、貓鼻頭、南灣一帶餐廳與飯店密集的區域，也並不知道墾丁地區除了水域活動之外，也非常適合賞鳥。

雖然主要道路上每逢假日必定車水馬龍，但是在龍鑾潭、社頂、滿洲等地，仍然保有珍貴的自然環境，只有野鳥和追尋野鳥蹤跡的內行賞鳥人知道。除了在龍鑾潭有興建一座保育中心之外，其餘賞鳥地點都算是荒郊野外，但是每到賞鳥季節，鳥群數量十分龐大，尤其是每年的九月

中旬至十月中旬間，各地的賞鳥愛好者都期盼前往墾丁觀賞壯觀的鷹河。

恒春半島凸出於巴士海峽，由於地理條件適中，是每年猛禽類南遷必經的地點，留下記錄的有二十種猛禽，每到秋天這些猛禽類就會大量出現在墾丁地區的天空，數量多到足以用「鷹柱」、「鷹河」、「鷹海」等形容詞也不為過，成為當地最了不起的自然生態景觀。

秋日裡的過境鷹群

這裡的賞鷹季可以看到多種猛禽類，其最為熟知的就是灰面鵟鷹（又名灰面鷲），灰面鵟鷹的過境數量多達數萬隻，在秋季南下恆春半島或是春季北上（飛去彰化八卦山一帶），每年都會神奇地準時出現，而且反覆在空中盤旋，也降落在相同的那幾個區域。屏東縣滿州地區稱牠為「南路鷹」，儘管有法令禁止，但以往這些過境猛禽或其他鳥類總是會被人大量獵捕，現在隨著保育和生態旅遊的風氣漸開，已逐漸減少違法濫捕的現象。

灰面鵟鷹在中部地區被俗稱為清明鳥，因為牠們總是很準時地於春分時約三月二十日左右北返經過彰化的八卦山；而屏東地區民眾則稱其為國慶鳥，因牠們每年南飛度冬時，國曆十月十日時總會在恆春出現最多的過境數量。牠們喜歡單獨活動，只有在遷徙期間才集結大群，平時常停

1. 以登山腳踏車代步，方便到較偏遠的荒野賞鳥，也能欣賞到東南海岸的絕佳景色。2. 在滿洲里德橋一帶欣賞落鷹的眾多鳥友。

棲於樹木頂端或接近頂端的橫枝上，主要以蛙類、蜥蜴、小蛇、鼠類及大型昆蟲等為食物。牠們在秋季過境墾丁地區的時間不長，大約是十月初開始的第一、三週之間，過境期約二十天，主要停留在滿州鄉附近的山區。

除了國慶鳥之外，從九月中至九月底期間是赤腹鷹過境墾丁的高峰期，曾創下單日超過五萬隻的過境數量，根據墾丁國家公園的調查紀錄，二〇〇四年秋季創下超過二十二萬隻的赤腹鷹過境數量紀錄；雖然赤腹鷹的停棲範圍分布較廣，但是隱密性較高，也不是那麼容易被發現。

觀賞鷹群出海的最佳地點

要欣賞到群鷹飛舞出海的壯觀自然景象，就必須早起，大約在清晨五點半至七點左右，社頂自然公園的凌霄亭視野阻

1. 灰面鵟鷹。2. 候鳥造訪的季節裡，社頂自然公園內凌霄亭總是吸引眾多鳥友前往。

攝影：呂翊維

凝較少，是較佳的觀賞地點，如今凌霄亭周邊已有停車場的設施，可容納大量的賞鳥客前來賞鷹。大部分時候應該都可看到數十或上百隻的鷹群飛過頭頂，飛行高度經常可以非常高，如果不拿望遠鏡的話，肉眼只能看見空中密密麻麻的黑點，所以還是必須準備一把好用的雙筒望遠鏡，但也不需太高倍率，大約八倍或十倍的較適宜。

除了可於清晨時分觀賞群鷹起飛之外，在下午傍晚時也可以看到鷹群降落的景觀，但是最佳場景就不是凌霄亭，而是滿州鄉的山頂橋及里德橋一帶，只要是視野開闊的地點，都有機會看到。

注意！鳥出沒

可見鳥種

這裡的賞鷹季可以看到多種猛禽類，其中最知名的灰面鵟鷹的過境數量多達數萬隻，過境期集中在十月十日的前後，約二十天。從九月中至九月底期間則是赤腹鷹過境墾丁的高峰期。

注意事項

1. 墾丁地區最具代表性的 3 個賞鳥地點，分別為滿州鄉的山頂橋與里德橋、社頂公園的凌霄亭，以及龍鑾潭的賞鳥中心。
2. 由於清晨時段就需抵達觀測點，以開車方式較為方便。
3. 墾丁地區的賞鳥活動主要以賞鷹為主，每年九月至十月這段期間是主要時段。

交通資訊

1. 里德橋：自台 26 線抵達恆春，左轉福德路，後經東門路→恆東路→和興路→庄內路→新庄路→舊公路→中山路→里德路，抵達里德橋。
2. 山頂橋：由台 26 線左轉福德路，經東門路→恆東路→和興路→庄內路→新庄路→舊公路→中山路→里德路→山頂路，抵達山頂橋。
3. 凌霄亭：由台 26 線於船帆石左轉船頂路，一路上坡接社興路左轉，可抵達凌霄亭。

spot 17

太平山

珍貴原始林中看鳥

隨著海拔高度攀升，
會先看到亞熱帶雨林植物，
再往上行可發現針闊葉混合林；
到了太平山、翠峰湖一帶，
就剩下珍貴的原始檜木林與針葉林。
如此豐富的林相，
除了各種留鳥與季節性鳥類之外，
運氣好的話還可以發現少見的台灣特有種。

宜蘭的太平山區是非常受歡迎的高山森林遊樂區，早期是台灣三大林場之一，由於區域內的森林林況良好，形成絕佳的自然生態環境，當然也就成為欣賞中、高海拔山鳥的極佳地點。這裡一年四季鳥況穩定，由於高山上容易起霧，賞鳥時段以早上為佳。

要來太平山區賞鳥當然是自行駕車前來才方便，但是路幅不算大，以駕駛自小客車前往為宜。從土場收費站開始，沿途周遭就是森林景觀，道路兩旁的樹種就已經很多，隨著海拔高度攀升，會先看到楓香、樟樹、野桐等亞熱帶雨林植物，再往上行至白嶺附近，可以發現烏心石、福州杉、台灣紅榨槭、紅檜等針闊葉混合林；到了太平山、翠峰湖一帶，就剩下珍貴的原始檜木林、鐵杉林、扁柏、柳杉等針葉林，林相十分豐富。

就因如此豐富的高山森林，太平山的生態資源相當有可看性，可以發現非常多的野生動物種類與數量，除了各種留鳥與季節性鳥類之外，運氣好的話還

攝影：呂翊維

1. 宜蘭的太平山區是非常受歡迎的高山森林遊樂區。2. 見晴步道是一條距離短，卻十分有玩賞價值的路線。3. 黑枕藍鶲。

可以發現少見的台灣特有種，例如帝雉、藍腹鷴與山啄木。不只鳥類，其他的保育類哺乳動物與昆蟲也是不少，像是寬尾鳳蝶、青帶鳳蝶、八星虎甲蟲等，來此若不帶著望遠鏡與賞鳥或賞蝶手冊實在是入寶山空手而回。

視野良好的絕美步道

在太平山區有二處地點可以住宿，食宿都不是問題，可以觀察到的鳥種豐富且數量多，因此非常受到賞鳥客的重視。但是內行人只有平日才會來，因為這裡和合歡山區有一樣的問題，就是每逢假期時常車滿為患，人潮眾多，人潮往往會趕走鳥類，所以假日時也就不適合前來賞鳥或賞蝶了。

以整個區域範圍來說，特殊鳥種有台灣噪眉、白耳畫眉、黃胸藪眉、黑長尾雉（帝雉）、小剪尾。可見鳥種則有大冠鷲、中杜鵑、鷹鵑、小雨燕、灰喉山椒鳥、巨嘴鴉、松鴉、紅頭山雀、煤

1. 台灣朱雀（酒紅朱雀）。2. 太平山地區仍保有當年伐木時期遺留下來的列車廂。3. 太平山區在冬季時容易積雪，形成不同以往的特色風景。

山雀、黃山雀、青背山雀、茶腹鳾、灰頭花翼、大彎嘴、小彎嘴、山紅頭、冠羽畫眉、小剪尾、鉛色水鶇、栗背林鴝、酒紅朱雀……等，實在太多了。

見晴懷古步道

步道原本有二・三公里，現在大概還能走九百公尺；沿途沒有什麼起伏，這樣的短距離來回慢慢走，以賞鳥這種靜態活動而言，如果不考慮拍攝的話，應該可以在裡面玩賞二小時，盡情地賞鳥、賞蝶、認識中海拔植物，以及觀賞過去的伐木遺跡。這條步道絕對是一條優美的小徑，景觀視野相當良好，在有展望的地方可以遠眺雪山山脈、大霸尖山之間的這一段「聖稜線」，蘭陽平原以及周遭美景也能一覽無遺。

翠峰湖步道

從太平山莊往翠峰湖的這段景觀道路，大約有十五・五公里，這條路面鋪設良好的道路沿途就有很不錯的自然景觀，如果駕車時將車窗放下，很容易聽見鳥鳴，被稱為景觀道路是因為沿途許多彎道處都有相當優良的展望可以遠眺周遭的高山景致，由於地理位置的關係，這條路上也有多處理想的觀看日出地點。

翠峰湖海拔一八四〇公尺，是台灣面積最大的高山湖泊，水位高低會隨著季節變化，秋冬季多雨為豐水期，此時湖水面積可廣達二十五公頃；而春夏季節時水位降低，可以看見大片水草沼澤。翠峰湖步道也是一條行走輕鬆的景觀步道，全長約三・九公里，帶著相機和雙筒望遠鏡，沿著步道可以繞著翠峰湖走一圈，其周圍中高海拔的山鳥極多，大約半天的時間邊走邊賞玩也很有收穫。里程三・六公里處有一座觀湖台，這座觀湖台距離翠峰湖最近，是欣賞湖景的最佳位置。在湖面上可以發現小水鴨和鴛鴦活動，鴛鴦是稀有的鳥種，這裡的鴛鴦大概已是在亞洲分布的南限（最南端）了，所以在台灣的其他地方並不容易見到。

註：見晴步道目前因步道崩塌，全線封閉整修中；翠峰湖步道目前僅在東西入口各開放四百公尺，相關最新路況可直接電洽：太平山管理中心(03)9809805。

注意！鳥出沒

可見鳥種

可見台灣噪眉、白耳畫眉、黃胸藪眉、黑長尾雉、藍腹鷴與山啄木等特有種，還有大冠鷲、中杜鵑、鷹鵑、小雨燕、灰喉山椒鳥、巨嘴鴉、松鴉、紅頭山雀、煤山雀、黃山雀、青背山雀、茶腹鳾、灰頭花翼、大彎嘴、小彎嘴、山紅頭、冠羽畫眉、小剪尾、鉛色水鶇、栗背林鴝、酒紅朱雀等。

注意事項

1. 太平山區氣候寒冷潮濕，午後易起霧，要多注意保暖與防雨霧。
2. 想看清楚整個翠峰湖景觀的話，最好是上午前來。
3. 太平山莊後面的原始森林也是林相優美自然，步道大多鋪有木棧道，平緩易走舒適，鳥況也不差。
4. 太平山森林遊樂區開放時間為平日 6:00 ～ 20:00，例假日及暑假 4:00 ～ 20:00；翠峰湖林道開放時間為 4:00 ～ 16:00。
5. 太平山區有太平山莊和翠峰山屋二處住宿地點，欲前往住宿須事先預約訂房。相關資訊可參考官網 tps.forest.gov.tw/food.html
6. 進入太平山森林遊樂區需購票，票價資訊如下：

門票種類	票價	備註
全票	假日 200 元， 非假日 150 元	
半票 （含 7 ～ 12 歲兒童、學生、軍警、遊樂區所在縣市民眾）	100 元	請攜帶證明文件以備查驗
優待票 （含 3 ～ 6 歲兒童、65 歲以上長者、導遊）	10 元	請攜帶證明文件以備查驗
團體全票	150 元	限 20 人以上團體，不含半票及優待票。
停車費	大型車 100 元、 小型車 100 元、 機車 20 元	

更多門票資訊及設施收費標準可參考相關網站 tps.forest.gov.tw/scenic.html

7. 前往翠峰湖須在太平山登記乙種入山證，同時有管制通行時間，以賞鳥行程來說，最理想的情形是住宿在翠峰山屋，才不會錯過清晨的黃金時段。

交通資訊

1. 國道 5 號宜蘭交流道下，轉台 7 線，過棲蘭後接宜專 1 線往土場，經鳩之澤後順著林道上行可抵太平山。
2. 由台中經埔里、大禹嶺、梨山方向，可從台 7 甲方向而來，也可接至宜專 1 線，再接線往土場、鳩之澤，抵達太平山。
3. 由桃園大溪方向，可從台 7 線經巴陵、棲蘭後，轉台 7 線往土場、鳩之澤可抵達太平山。
4. 往翠峰湖可從太平山莊前方的管制站進入，路程約 14 公里。

spot 18

瓦拉米步道

沿途遇見的野生動物們

對於喜歡親近戶外、進行生態觀察的愛好者來說，來此可玩賞的內容相當豐富，這裡完整的原始森林提供了野生動物理想的生活環境，驚鴻一瞥的藍腹鷴可在一天之中發現三、四次，跳躍樹梢的獼猴、松鼠數量更是非常多，從步道沿途一直下到溪谷，過程中似乎這些動物都跟在身邊一般。

瓦拉米步道沿著溪水蜿蜒在山谷之中，是日據時期遺留下來的八通關古道東段的一部分，目前適合一般人前往的路程長度約十三‧六公里，景色優美、路徑平緩，非常適合一家大小來此郊遊踏青。

對於喜歡親近戶外、進行生態觀察的愛好者來說，來此可以玩賞的內容當然就很豐富了，尤其是黃麻溪，站在溪谷中可輕易地發現各種野生動物的蹤跡，有許多美麗的野鳥，當然溪水裡還有數不清的苦花，以及溪畔岩壁處處可見的斯文豪氏蛙，此地絕對是個極佳的自然教室。泡水也是來黃麻溪的另一種享受，儘管是炎炎夏日，但是冰涼的溪水仍能讓人凍得直打哆嗦，而且水裡不分大小的成群苦花似乎不曾見過人類，只要有人走進水裡，立刻被團團圍繞，這種事情只有在這樣的環境裡才遇得到。

整建完美的步道

瓦拉米步道是日據時代開鑿的古道，由南安的入口步行進入瓦拉米山屋為止，這條步道全長十三‧六公里，往返約二天的時間。步道全程沿著拉庫拉庫溪谷平緩上升，沿途林相都是保存完好的各種低海拔闊葉林，林間並茂生著大量蕨類，一路上皆可見玉山國家公園管理處在此設立的各類植物的解說牌以及里程指示牌，全程整建良好，並在中途的「佳心」建有完善的衛浴設施以及觀景台，後端的瓦拉米山屋更是豪華，使得這條步道成為非常大眾化的健行步道。

進入步道後〇‧五公里處為日據時期山風駐在所遺址，現在被整建為大理石平台。再向前走二百五十公尺抵達山風一

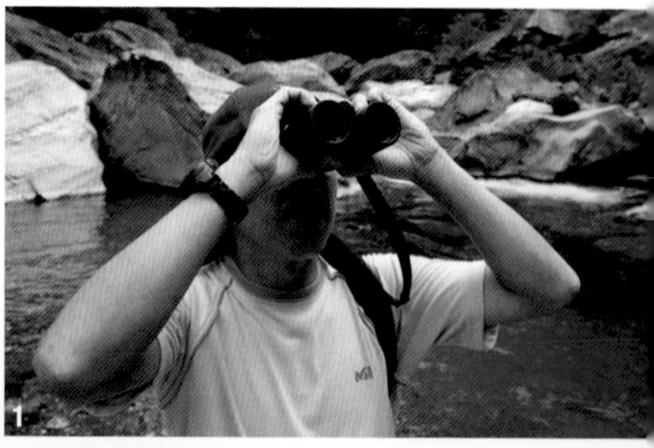

1. 攜帶一把雙筒望遠鏡，是前往瓦拉米步道不該忘記的事。2. 瓦拉米步道的深處銜接八通關古道，也是很容易遇見台灣黑熊的區域。3、4. 黃腹琉璃。

號吊橋，長度近百公尺，走起來雖有些搖晃，但是視野遼闊，可眺望吊橋下方的連續小型瀑布。在一．七公里處可以見到山風瀑布，步道繞過瀑布上方銜接山風二號橋，但瀑布下方建有觀景台，可以近距離欣賞這座高達五十公尺的白絹墜落。從入口處至此的這一段步道走來最輕鬆，可以輕裝當日往返，最適合親子共遊。

佳心位於瓦拉米步道四．五公里處，是這條步道上最佳的休息地點，有完善的衛浴設備，也適合此紮營過夜。佳心標高八百二十公尺，展望不錯，可遠眺海岸山脈和花東縱谷，附近還有早期布農族部落遺址。在七．八公里處可抵達黃麻，標高約九百公尺，這兒原有建築物，但如今只見一片雜草叢生的平地。八．六公里處的一座喀西帕南紀念碑，是為了紀念一九一五年在喀西帕南事件中喪生的日本軍警人員。再往前至九．五公里處就可抵達黃麻一號吊橋，站在橋上看著下方有數十公尺落差的黃麻溪谷，可發現這條溪清澈見底，而且深潭不少，魚影幢幢，由上方觀察即可判定這絕對是一處生機盎然的自然天地。

熱鬧非凡的原始森林

黃麻溪是一條水量豐沛的清澈溪流，溪床遍布奇岩巨石，深潭、激流、淺灘交錯，由於地處偏遠少有人跡，因此仍然保持原始的面貌。由吊橋邊找路下切溪谷就得各憑本事了，不過下切溪谷的路徑只有短短數十公尺的落差，很容易走到溪邊，這條溪水相當乾淨，極為原始自然。溪谷中隨處都可輕易發現紅色的屎蟹、斯文豪氏蛙，好幾種野鳥以

1、2.步道上會行經多處吊橋，是路途中的經典景觀。

1、2.溪谷生態資源豐富，可見到許多不同的野生動物。

及數不清的昆蟲；溪床上還有很多動物的腳印，其中有疑似黑熊的掌印，水裡的魚兒數量更是多到讓人傻眼，不過只發現苦花，並沒有其他種類。賞魚、賞鳥是我認為在這條溪谷最適合的活動，當然若要泡在水裡享受清涼也不錯，不過水溫很低，沒有穿著防寒衣的情況下，即使是夏季也只能支持數分鐘便得起身。

除了欣賞景色之外，賞鳥可是這條溪谷的重頭戲，只要覺察出聲音的來源，然後拿起望遠鏡搜尋，鳥類或哺乳類的身影真多。這裡完整的原始森林提供了野生動物理想的生活環境，驚鴻一瞥的藍腹鷴可以在一天之中發現三、四次，跳躍樹梢的獼猴、松鼠數量更是非常多，從步道沿途一直下到溪谷，過程中似乎這些動物都跟在身邊一般。回程大部分路段都是緩下坡，但是也不需要走得太快，以免與珍禽異獸擦身而過，最好是背著望遠鏡或相機放慢腳步，細細地品味這兒的自然資源，起碼也得耗上個一整天才不算白走一遭。

注意！鳥出沒

可見鳥種

除了各式各樣的野生動物，連稀有的藍腹鷴也會出現在此，甚至可在一天內發現三、四次。

注意事項

1. 進入瓦拉米步道在佳心之前，不需申請入山證，佳心之後須攜帶身分證向警政署、南安派出所或玉里分局申請入山許可。
2. 沿途野生動物出沒頻繁，須注意蛇類與毒蜂。
3. 步道口至「山風瀑布」這一段距離，適合一般遊客或親子同遊，可輕裝當日往返。
4. 若要前往終點的瓦拉米山屋，必須攜帶完整食宿裝備。
5. 進入溪谷活動須留意安全，須注意不可釣魚。
6. 玉山國家公園南安遊客中心的地址為花蓮縣卓溪鄉卓清村 83-3 號；聯絡電話請洽（03）888-7560

交通資訊

由花蓮市循台 9 線南至玉里，接台 18 線可抵南安遊客中心，再往前行經南安瀑布不久即抵達道路終點，車輛可停放在步道入口外的停車場。

spot 19

向陽森林遊樂區

往嘉明湖路上的美麗風景

沿著步道一路上坡前進，
若是午後時分經常會見到變幻莫測的雲霧，
也很容易在步道上遇見閑遊的帝雉，
枝頭上覓食的山雀更是為數眾多，鳥鳴聲不絕於耳。
紅檜、鐵杉等巨木相當密集，
秋冬時常會見到金黃與深紅的變色葉樹木點綴其間。

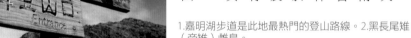

位於南橫公路東段的向陽森林遊樂區，周遭環境的森林茂密，樹種以台灣二葉松、紅檜為主，夾雜少許台灣紅榨槭等變色葉闊葉林木，這樣的森林環境形成鳥類絕佳的棲息環境。來此地的遊人大部分是為了欣賞高山壯麗的日出景致與雲海景觀，此地也是熱門的嘉明湖高山登山路線的起點，進入森林步道後，立刻可以感受到高山森林的清新空氣。

這裡的遊客中心有提供當地的動植物資源，以及布農族文化的介紹；就在入口處有一向陽派出所，若要進入登山步道必須在此辦理入山登記。進入步道後沿途有多處路段可眺望大關山、鷹仔嘴、塔關山、關山嶺山等中央山脈南段群峰，尤其由高處遠觀貼近南橫公路的向陽大崩壁更是壯闊。

豐富的自然生態

此地的檜木是台灣的紅檜天然林分布的最南限，也是台灣南部海拔分布最高的針闊葉樹混合林帶，由於氣候適中，自然條件佳，生態資源也相當豐富，對於野鳥而言是絕佳的棲息地，清晨或黃昏時在步道上慢慢行走常有機會遇見帝雉、藍腹鷴覓食，其他各式各樣的山鳥如冠羽畫眉、金翼白眉、白耳畫眉、青背山雀、藪鳥等都是此地森林中常見的鳥類。

園區中可見到的黑長尾稚（帝稚），雌鳥眼睛周圍有明顯的紅色裸皮，全身大致為褐色夾雜著白軸斑及黑

1.嘉明湖步道是此地最熱門的登山路線。2.黑長尾雉（帝雉）雌鳥。

色小斑塊；雄鳥在臉部則有較大面積的紅色裸皮，身體為金屬光澤的暗藍色，受陽光照射時會呈現鮮豔的亮藍色，胸及腹部有黑色點斑，藍黑色的尾羽很長，有明顯的白色橫紋。當然也不只鳥類，這一帶山區也有為數不少的哺乳動物，尤其是嘉明湖附近區域更是經常可見山羌、水鹿等大型哺乳類動物。

踩在松針地毯上享受芬多精

除了登山客會路過這裡之外，向陽森林遊樂區內亦規畫了幾條適合一般遊客行走的健行步道。包括檜木林棧道（六百八十公尺）、向陽步道（六百六十公尺）、松陽步道（一千七百七十公尺）、向松步道（八百公尺）及松濤步道（一千五百六十公尺）等，共五條森林步道。

每一條步道都可以享受山嵐的洗禮及森林裡濃郁的芬多精，就算不登山，帶著一把望遠鏡來此閒晃，如果認真觀察的話，保證雙手是閒不下來的。踩在厚厚的松針地毯上，雙腳可以體驗帶有Q勁的踏感，空氣中傳來的聲響也不絕於耳，充滿各式鳥鳴聲此起彼落，不然就是山谷間的風勢讓枝頭樹梢停不下來。

這裡的步道長度不算太長，但是頗有坡度，如果每一條步道都要進入去賞鳥的話，通常只去一天是不夠的，目前距離向陽森林遊樂區最近的住宿點為天龍飯店，地處海拔七百八十一公尺的幽靜山谷中，住宿條件是附近最好，也是唯一的選擇。飯店中的溫泉屬弱鹼性碳酸氫鈉泉，無色、無味，浸泡其中相當舒服，據說有滋潤肌膚之效，而飯店的軟、硬體設施也展現濃厚「原」味主題風格。天龍吊橋就在飯

1. 別處少見的鵂鶹，此地卻常發現其行蹤。2. 向陽森林遊樂區的地形起伏大，走起來較辛苦一些。3. 嘉明湖附近的避難山屋人氣極旺，假日幾乎沒有空床。

2

1

3

店的後方，鄰近霧鹿峽谷，此地終年風輕氣爽，一年四季皆適宜前往。

在森林步道觀察野鳥

前往向陽森林遊樂區，除了賞鳥客之外，多半是為了攀登嘉明湖而來的登山客。往嘉明湖的步道雖然部分路段陡峭，但是大致上都算很好走，只是距離長了些，一般大約需要走三天二夜來回，沿途會經過二座百岳級高山。海拔三千兩百多公尺（全台第二高）的嘉明湖，是許多登山界人士心目中最美麗的高山湖。如果只是為了賞鳥，或是裝備不足的話，當然就不考慮走那麼深入山林，只要在向陽山屋之前的一大段林間步道上，就可以觀察到許多不同的野鳥。

走進步道後，全程幾乎皆為上坡，自停車處開始，便是一路

上坡的路況，循著大約三公里長的產業道路走到盡頭，通過一座木棧道後便進入登山口。在抵達向陽山屋之前幾乎都是走在二葉松林下的小徑，地上也鋪滿了松針；除了坡度略陡有點累之外，森林景觀算是頗為優美的，也不需要雙手攀爬，因此相機一直背在肩上，隨時記錄這精采的森林步道。

位在鐵杉林後的山屋

不知不覺地穿越這片台灣二葉松純林之後，接下來步道進入一片鐵杉純林之中，鐵杉生長於海拔二千五百至三千公尺之間，是樹形極為優美的數種，眼光所及周遭山坡亦是一片鐵杉純林，進入這片鐵杉林之後，向陽山屋也快到了。

現在的向陽山屋是新建的一棟木造建築，上下鋪的床位約可容納一百五十人，枯水期取水較不方便，必須於下方流經步道的山澗取得，夏季豐水期則無問題，還有廁所，對登山活動而言，這樣的設施已屬高級。向陽山屋是攀登嘉明湖、三叉等地最接近公路的建築，經常有隊伍在此過夜，尤其連續假日時往往人滿為患，所以利用平日來此是比較舒適的。

1.「之」字形陡坡，是此地常見的地形。2. 三叉山是屬於路況好走的百岳名山之一。

1

2

1、2.行走在針闊葉林混合的森林步道上，很容易發現野生動物的蹤跡。

注意！鳥出沒

可見鳥種

清晨或黃昏時在步道上慢慢行走常有機會遇見帝雉、藍腹鷴，其他各式各樣的山鳥如冠羽畫眉、金翼白眉、白耳畫眉、青背山雀、藪鳥等都是此地森林中常見的鳥類。

注意事項

1. 進入嘉明湖登山步道須辦理入山，相關資訊可參考台灣悠遊山林網站 recreation.forest.gov.tw/RT/Rt_index.aspx
2. 向陽山屋與嘉明湖避難小屋均是最好的過夜地點，盡可能利用山屋住宿，可免受背帳篷之苦，也較安全。
3. 若無攀登高山的經驗，勿輕易單獨前往嘉明湖。
4. 若無把握，切勿離開步道，也盡可能不要獨自前往。
5. 現在一般遊客愈來愈多，多天數的連續假日實在太過熱鬧，環境污染問題也相繼產生，沒事的話選擇平日前往最佳。
6. 南橫公路容易坍方，由於沒有大眾交通工具可前往，只能自行開車，因此出發前必須再三確認路況。
7. 入山口附近最近的住宿地點為「天龍飯店」，也是唯一全年無休的休閒飯店，聯絡電話請洽（089）935075。

交通資訊

開車從南橫公路進入，向陽遊樂區位於 154.5 K 處，由甲仙開車約需 2.5 小時，從關山、池上則約需 1.5 小時；搭公車可由國光客運台東站搭乘，早上 7 時發車（早上 8 時會經過關山火車站）。

spot 20

太湖

軍事之島轉為觀光勝地

過往的金門只有軍事與傳統農事行為，
人為干涉非常少，以至於對野生動物來說，
這裡形成了良好的棲息環境。
一年四季都有不少鳥兒在此停留，尤其是冬季，
過境冬候鳥的數量超級龐大，
是南來北往候鳥遷徙的必經之地。

在過去的幾十年，金門地區是充滿肅殺氣氛的戰地，在這個小小島上各種管制極多，除了原有的舊式屋舍與隱密的軍事設施之外，其他的開發不多，小麥和高粱的田野間只有傳統的農事行為，海濱潮間帶之間大概只有反登陸的軍事設施與地雷，根本沒有人為活動，只有魚蝦貝類可以自由進出，由於人為干涉反而比較少，對野生動物來說卻是個良好的棲息環境。

近年來金門島上鳥類的數量和種類不斷在增加中；甚至保育類動物「水獺」與有活化石之稱的「鱟」等，在此都可以發現，尤其這裡的自然條件與地理位置每年都吸引許多鳥類在此繁殖、度冬或是過境停留。

一年應到訪至少四次

一般人只知道金門解嚴之後成為兩岸小三通的門戶，以及戰地遺跡與傳統建築吸引的觀光風潮，卻不知道這裡也是賞鳥的天堂，一年四季都有不少鳥兒在此停留，尤其是冬季，過境冬候鳥的數量超級龐大，是南來北往候鳥遷徙的必經之地。

鳥類是金門最有看頭的野生動物，濕地、海岸潮間帶以及田野、樹叢間，到處都可看到多種不同的鳥類，而且數量很多。已

1. 黑鳶。2. 翠鳥。3. 金門地區獨特的地理環境，造就各式野鳥種類眾多。

還我河山

知被列入紀錄的鳥種大概有三百種，其中又以過境鳥最多，其餘冬候鳥、夏候鳥、留鳥及迷鳥也都有。對賞鳥愛好者來說，一年至少應該去金門賞鳥四次才夠，每次至少都應該待個三、五天，因為這裡可以觀察的鳥兒真是太多了。

不同於台灣本島的豐富鳥種

在金門曾被發現的三百種鳥類之中，鵲鴝、斑翡翠、栗喉蜂虎、黑領椋鳥、黑翅鳶、小嘴鴉、髮冠捲尾等，以上這些鳥種不曾發現於台灣，其他還有些在台灣屬於稀有鳥種，在金門卻很普遍。至於被列為保育類動物的鳥種也非常多，以鳥種的豐富度來說，不同季節也有不一樣的發現，主要是因為冬季時有大批的冬候鳥前來過冬，尤其是每年的一月份都有近萬隻鸕鶿聚集，這裡可能是全球最大的越冬過境棲息地。其中以鸕鶿、赤頸鴨這二種鳥類的數量最多，也是金門水域的冬季特色鳥類。

鸕鶿為冬候鳥，雌雄相同，全身大致為黑色，背部有金屬光澤的銅褐色，嘴基黃色，嘴角皮膚為白色。白天會成群到海上，以集體驅趕魚群並獵捕的策略覓食，場面很壯觀。近年來金門度冬的數量約八千至一萬隻，其中大部分停棲於慈湖，少數約三百至五百隻停棲太湖及小金門的陵水湖及西湖等水域邊的樹林。

從戰地變成國家公園

金門適合賞鳥的地點非常多，包括大、小太湖、榕園、浯江溪口、慈湖、慈堤海灘、湖下海堤、雙鯉湖、南山林道、古崗湖、田浦水庫、金沙溪口、浦邊海堤、農試所、中山紀念林、太

武山、陵水湖等。

金門在戰備時期，島上建設的戰備設施，隨著解嚴撤軍之後，如今已成為觀光勝地，不只是生態旅遊，遺留下來的軍事設施，像是密集的地下坑道網、反空降堡、反空降樁等各種軍事防禦工事和偽裝設施，都成為歷史的見證，並夾雜著金門特有的建築風光，不但有密集的傳統閩南式建築，也有許多早期的古洋樓建設，如今依舊保存完好，許多古早建築如今也成為受歡迎的民宿、博物館等，早已沒有軍事管制的肅殺氣氛，都是廣受觀光客青睞的必去之地。

註：本篇部分參考資料來源為金門國家公園管理處。

1、2、3. 過去這裡是戰地，除了留下戰地遺跡之外，也保留了當地特有的傳統特色建築。

注意！鳥出沒

可見鳥種

在金門曾被發現的三百種鳥類之中，出現了曾發現於台灣的鵲鴝、斑翡翠、栗喉蜂虎、黑領椋鳥、黑翅鳶、小嘴鴉、髮冠捲尾等鳥種。每年一月份都有近萬隻鸕鶿聚集，其中又以鸕鶿、赤頸鴨這二種鳥類的數量最多。

注意事項

1. 金門地區的鳥種眾多，前往賞鳥多為數日行程，可以攜帶單筒與雙筒望遠鏡前往。
2. 冬季期間金門島的濱海空曠處風勢強，需注意防風。

交通資訊

1. 從台灣前往金門目前只能搭乘飛機，與金門的尚義機場對開的定期航班分別有台北、台中、嘉義、台南、高雄，飛行時間約 1 小時，有華信、立榮、復興、遠東 4 家航空公司可選擇。
2. 自尚義機場出關後，可以搭乘排班計程車前往金城市區、水頭聚落、山后聚落等。
3. 金門當地的大眾運輸並不方便，前往賞鳥仍以租車自駕遊最佳。

CHAPTER 5

實用的賞鳥裝備分享

高山、海邊、濕地等處皆有鳥兒出沒的身影，在不同季節前往這些地方時，得需因應當地的氣候變化，選擇身上穿戴的裝備。本篇章節將介紹我們實際使用後，認為非常實用、品質良好，適合當作賞鳥活動用途的幾大類裝備，推薦給各位參考。

Black Diamond

item 1

Fjällräven-Keb Jacket 軟殼外套

擋風防潑水的萬用機能性布料

突出的絕佳設計感是這件 Softshell（軟殼夾克）最吸引人之處。這件來自瑞典的 Fjällräven-Keb Jacket，使用的設計概念與用料，和另一款 Keb Trousers Regular 長褲相同，都是使用二種不同性質的布料拼接而成，穿在身上之後，非常適合在戶外野地長時間活動。

身體的上半身在長時間活動時，不同的部位開始散熱（流汗）的程度差異很大，由於極可能背負背包長時間行走，所以需要考慮背負背包活動的舒適性，以及肢體活動的合理性。因此反映在設計上就是版型、剪裁、主副用料的差異，在外型上也很容易辨認。這些細節的講究，就是一件專業服裝最基本的條件，這件 Keb Jacket 在設計之初已經設想得非常周到。

細節設計與特色

G-1000 是 Fjällräven 最經典的萬用機能性布料，除了非常耐磨、耐操之外，也能夠抗風與防潑水，這種布料使用回收的聚酯纖維和有機棉製成，在超大型的頭套、肩部、腰身，以及手臂外側等身體正面大部分面積使用這種布料；其餘講求透氣與高活動量的部位，則使用高彈性透氣聚酯布料，從大面積的背部延伸至上臂外側與下臂內側，胸前兩側的大型口袋等部位都是。

身體正面採用雙向拉鍊，下擺部位還有額外的壓扣。身體兩側在腋下的部位各有一拉鍊透氣口，這並非聊備一格，而是非常大面積的雙向拉鍊透氣口，在長時間的重裝行走時，這種設計就顯得非常好用。所有的拉鍊環都有大面積的軟皮料拉片，方便使用者穿戴手套時的操作。

重量：823g（size M）
材質：G-1000® Eco：65% polyester, 35% cotton
Stretch：63% Polyamide, 26% Polyester, 11% Elastane

這件Softshell的版型設計合身，腰部沒有任何口袋，顯得乾淨俐落，有利於背包的腰帶扣上。最特殊之處，是這件夾克的頭罩部分，不但可以包覆整個頭部（包含配戴頭盔時），還向前延伸超過臉部很多，但是設計時也考慮到並非隨時隨地都會在惡劣的氣候條件下活動，所以這個頭罩有折疊設計的溝槽，讓使用者在需要時，能夠完全延伸出來提供最大程度的防護，例如遭遇大風雪或非常冷的時候，也可以是為了增加遮陽的程度。

實際穿著感受及優缺點分析

穿上這件夾克立刻可以體現出合身設計帶來的感受，但是並不拘束，可以感覺左右手臂能夠自在地極度擺動，卻不會有多餘的累贅感，一般非專業用途或是不夠高端的夾克，多半做不到這樣的程度。胸部左右兩側的大口袋拉鏈開口面積很大，口袋也很深，內部空間很容易放置地圖或是輕薄的筆記本，加上口袋的拉鍊非常滑順，整件夾克任何部位的拉鍊都是如此，經常操作的正面雙向拉鍊更是順暢。尤其是行進間為了散熱，或是拉開一段時間感覺有涼意想要關閉透氣口時，不需停下腳步就可以輕易操作。而頭罩部位的操作也很輕鬆，隨時可以視情況決定是否要折疊放下或收起。抗風性極佳，穿上之後幾乎感受不到強風，而且防潑水效能也相當好，就算穿久了使得防潑水效能減弱，也可以使用專用的蠟塊來回復防潑水性能。

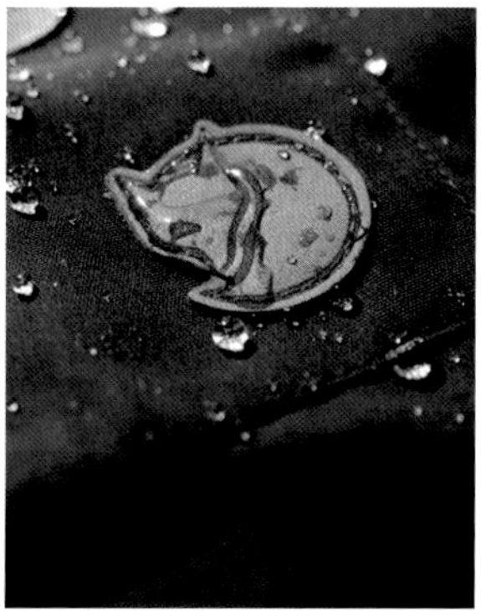

收納後不易壓縮，以及整件重量達八百二十三克顯得略重，是比較明顯的弱點，但是一般而言，Softshell都是適用於較冷天候下的行進間穿著，以賞鳥這種活動量較低的行程來說，塞進背包裡的機會很少；若是登山健行的話，在秋冬季節這種夾克的使用率又很高。以其帥氣的外型與少見的設計，整體來說，這仍算是一件令人想要擁有的Softshell。

裝備知識

G-1000 布料的上蠟方式

1. 首先將衣物攤平，在需要加強的部位，如大腿前側或褲腳等，常會接觸到水的地方，上一層薄薄的蠟，建議一次薄薄一層，不要單次太厚，後續會比較容易處理。
2. 利用吹風機或熨斗（中溫），在已塗抹蠟的部位來回將其烘乾，使Greenland Wax 蠟塊慢慢地融解至布料纖維中即可。
3. 如有在野外上蠟的需求，必須使用火源穩定的爐具，將已上蠟的部位在火源上來回移動，漸漸烘乾即可，切記使用時保持衣物及火源的距離，注意安全，以防危險。

item 2

Fjällräven-Keb Eco-shell 防水透濕夾克

輕柔觸感不易悶熱

這件當季最新的風雨衣，技術上正確說法應該說，這是一款全新設計的三層布結構的防水透濕夾克，但是有別於其他常見的三層布結構防水透濕夾克，這件 Fjällräven 出品的 Keb Eco-Shell 顯得特別輕柔，而且有一點彈性，但是這樣的一件防風夾克卻適用於全年多變的天候，因為這件夾克官方提供的透濕氣數據高達 26000gr/m2/24hr，實際長時間野地穿著使用的感覺，確實是比一般的防水透濕夾克較不易感覺悶熱，而且夠柔軟舒適。

這件防水透濕夾克的另一大賣點，就是對環境的友善。盡量使用可回收的聚酯纖維，以求降低生產和運輸過程中產生的碳排放，希望能減緩地球的暖化。只有一個品牌這樣做也許是微不足道的，但是 Fjällräven 盡量避免因為生產而造成的環境破壞。近期較為熱門的話題是，許多戶外品牌所生產的防水或防潑水的衣物，多使用會對環境造成危害的 PFCs，然而 Fjällräven 已經宣布在二〇一五年起，完全停用 PFCs。

做工精緻且穿著舒適

講究環保可能會犧牲一些「特異功能」，但是這件 Eco Shell 的防水能力還不錯，也許不見得持久，但是至少透氣性相當好，這件 Eco-Shell 使用不含碳氟化合物處理的技術，仍然能達到透濕與防水的功能。

這種「綠色」布料的外層以不含碳氟化合物的防水劑做過處理，雨滴會在布面結成水珠而向下滑落，而且防風雨與透氣效能並不差，是這件夾克的重要特色。除此之外，這件夾克摸起來有點類似針織布的手感，而且帶

有彈性，穿著舒適性極佳。整件夾克的細部做工相當精緻，無論是外部的車縫接縫還是內側的防水熱壓條，完整度都相當高，不折不扣是個高端品牌才有的講究程度。

實際使用的感覺

除了穿在身上的「安全感」之外，這件夾克合身的版型顯然是專為戶外活動而設計，穿在身上就給人一種充滿「動力」的感覺。內側的處理比外側觸感更好，完全沒有一般的防水衣物那般冰冷感，即使是直接接觸皮膚，觸感仍然非常好。

胸前二側各有一個超大拉鍊口袋，採用細緻的防水拉鍊，右側口袋內另藏有一個彈性網製成的小袋，使得隨身一些不能受潮的小物，像是打火機之類的東西有個放置的好位置。正面的防水雙向拉鍊也算非常順暢，頭部的帽兜後方與衣領二側都有收緊與放鬆的裝置，單手即可操作束緊與放鬆。身體二側也有大面積的拉鏈開口，在長時間負重行走卻沒有下雨時，拉開這二條拉鍊確實能紓解一些悶熱感，以雨衣來說，應該沒有任何一件雨衣的透氣性足以好到完全不會感到悶熱，如果沒有下雨，風勢又不算很強的話，感到悶熱當然還是脫下啦！除此之外，這件 Keb Eco-Shell 實在也找不出什麼缺點了。

重量：823g（size M）
材質：G-1000® Eco：65% polyester, 35% cotton
Stretch：63% Polyamide, 26% Polyester, 11% Elastane

裝備知識

Keb Eco-Shell 在尚未問世之前，就已獲得全歐洲多項評比大獎，在 2011 年夏季首次上市，就獲得包括 SOG（北歐戶外聯盟）授予的「最環保戶外功能產品」，以及荷蘭的永續發展獎（SOA Sustainability Award），在 2015 年也獲得 ISPO 年度全球產品銀獎。

item 3

Fjällräven-Keb Trousers Regular
戶外專用長褲

美觀好穿又耐操

對於戶外活動使用的長褲來說，理想的機能要求當然是要有夠好的耐磨損、抗撕裂、快乾、柔軟，又有彈性，同時藉由一流的版型設計、立體剪裁與製造工藝，生產出一件美觀、好穿又耐操的戶外專用長褲。而這一件來自瑞典的 Fjällräven-Keb Trousers Regular，就是一件非常接近上述理想的好產品。

這件長褲主要利用二種不同性質的主布料拼接成型，容易磨損的部位使用無彈性但是強韌耐磨的布料，其餘部位則使用高彈性、較輕薄又快乾的材質，透過符合人體工學的立體剪裁，製造出這樣一件讓人想擁有的長褲。

防潑水與防風機能

Fjällräven 在北歐是相當知名的專業戶外裝備品牌，產品線愈來愈多，這款長褲最具特色之處，是使用該品牌最經典的 G-1000 布料為主體，再拼接搭配更輕柔又有彈性的快乾化纖布料，讓這件長褲更符合需要長時間行走的戶外活動使用。G-1000 這塊布料源自一九六〇年代，採用 65% 聚酯混合物和 35% 棉紗緊密編織製成，加上極強的潑水處理及防水蠟，造就它快乾、防風、透氣、防紫外線的特性，經由瑞典跟英國的測試，它的防潑水性是牛仔褲的五倍，耐磨係數跟快乾性則是牛仔褲的

1.因防風、防潑水、快乾又透氣等特性，即使在寒冷的氣候下穿著也很舒適。2.褲款側面有大面積的拉鍊，非常有利通風透氣。

1.褲管下方內側的金屬勾釦，可勾住鞋帶固定。2.透氣、耐磨的舒適材質，在戶外活動使用上相當實用。

二倍以上。

隨著平時使用及洗滌的次數增加，G-1000®材質上的防潑水蠟處理會逐漸磨損，讓防潑水性及防風性等機能衰退。因此Fjällräven也針對這塊布料設計出名為「Greenland Wax」的專用臘，由天然環保的石蠟及蜜蠟所組成，在攝氏五十五度的低溫下就可以融解均勻分布在布料的纖維表面，就像打蠟一樣，可以自己決定上蠟的次數或厚薄程度，決定防潑水性及防風性需求。

貼心的細節特色

在需要高透氣與彈性的部位，像是正面的腰帶下方至大腿之間、大腿內側與背面等部位，皆採用較輕量又有彈性的快乾化纖材質布料，其餘部位採用耐磨的G-1000布料，此外，在二條大腿與小腿的外側，各有一條大面積開口的拉鍊，長距離行走時只要感到悶熱，由上往下拉開拉鍊，尤其是較寒冷的氣候下，立刻可以感到散熱與透氣的暢快，這部分是我覺得這件長褲最理想的地方。

膝蓋的立體剪裁部位有二層布料加厚，更加強了耐磨程度，在大腿內側，車縫線的位置也考慮到避免造成大腿內側皮膚的摩擦。除了二側的斜插口袋之外，在左右大腿的正面也各有一個大面積與容量的口袋，雖然這二個口袋都設計有蓋片與壓扣，但是左腿口袋的開口多了一條開啟拉鍊，右腿則無，但是內側另有一個更小的彈性網狀內袋，可用於收藏小把鑰匙之類的小物。褲管最下方的開口有織帶與壓扣的設計，可以調整大小口徑，在前方則有一個隱藏勾釦，可以用來勾住戶外靴的鞋帶，實際穿著使用時，即使不使用這個勾釦，也不會有什麼影響與感覺。

實際使用的感想

這件長褲稱得上是相當理想的戶外環境專用裝備，不管是穿著它長時間在野地工作還是生活，都非常實用。整體設計感帶有濃厚的北歐風味，如果硬要挑剔的話，大概是重量略重（六百三十克），以及清晨剛穿上它時，皮膚的觸感冰冷。但是正常而言，穿著這條長褲進行多天數的野地戶外活動，除了晚上睡覺之外，大概不會脫下來，所以應該也不會塞進背包裡背著它走路吧！

重量：630 g（size 48）
材質：1.G-1000® Eco：65% polyester, 35% cotton。2.Stretch： 63% Polyamide, 26% Polyester, 11% Elastane。

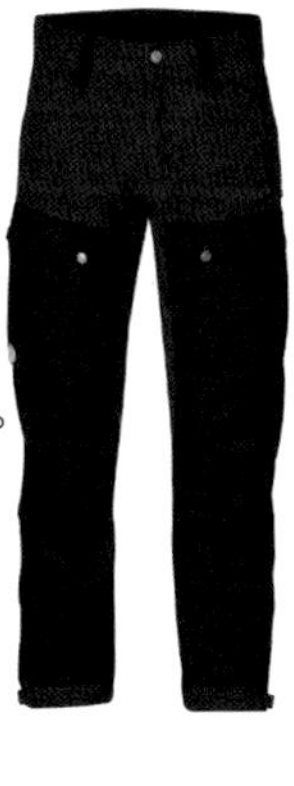

item 4

Darn Tough-Solid 1/4 Sock
短筒健行襪

舒適耐穿終身保固

來自美國的 Darn Tough，是專門製造各種運動用途的羊毛襪，有四十年製襪的技術，搭配美麗諾羊毛的舒適感，造就一雙了不起的襪子，舒適又超耐穿。最引以為傲的，就是 Darn Tough 自認擁有全世界最強悍的品質與無人做得到的保固服務，羊毛是可更新的天然原料，早晚會自然分解，也是會損壞的，可是原廠聲明只要是穿著造成的損壞、磨損，依然提供終身保固，你沒看錯，就是終身保固，如果穿破，Darn Tough 就換給你一雙全新的羊毛襪給你，買襪子還有這種保固我是真的第一次聽到。走路要感到舒適，除了一雙好鞋之外，還要搭配一雙夠好的襪子才能真正達到目的，這雙襪子絕對是個好選擇。

好襪子該具備的條件

由於腳的不同部位在活動時受力的程度有很大的差異，因此一雙好的襪子在設計之初，會針對適用的活動種類不同，因而採用的編織程序也不同，專業品牌的襪子都會區分不同用途的襪子款式，因此延伸出跑步、騎車、

滑雪、輕裝健行、重裝健行、日常生活等不同的用途，都是為了提供腳部最佳舒適度，以及性能表現。

一雙好襪子必須具備保溫、避震、透氣等最基本該有的機能，以這雙健行用途的襪子來說，從腳尖、腳掌、腳跟，一直到腳踝上方，不同部位有不同編織技術，以滿足各部位的機能需求。在腳掌與腳跟受力較大的區域，編織的厚度較大，但是完全感受不到接縫，並且腳跟部位為求包覆性更好，因此採立體編織，而腳背處並不受力，所以編織較薄，也有利腳背上端的彎曲，襪筒的部分也有適當的緊密度而不會下滑。而為了達到足夠的耐用度，除了羊毛成分之外，還有37%的尼龍與2%的萊卡彈性纖維，這些都是一雙好襪子本來就該具備的最基本條件。

多日穿著的表現

這雙輕量健行用的襪子在連續穿著數天的負重行程後，感覺最大的優點為，彈性與包覆性俱佳，穿著在腳上套進鞋內後不會滑落、上方也不易鬆脫，腳跟與腳掌處的緩衝性能很好。在襪子的內側靠近腳尖處，織法非常平整，完全感覺不到接縫，更沒有縫份造成的摩擦感。

彈性也夠好，好到可以讓整隻腳感受到完整的包覆性，最重要的是，雖然短短幾天的使用當然不會穿破，但是真的連續五天的穿著沒有清洗，並沒有產生明顯的氣味，而且穿在鞋內因為流汗之故，每天都是長時間處於溼潮狀態，反覆地溼了又乾，乾了又濕，但是每當夜晚脫下之後隔日再穿時，柔軟的觸感依然保持一致，也不覺得有明顯異味。主因是羊毛纖維的透氣效果非常好，因此不易滋生細菌，這也是美麗諾羊毛的好處。而且這雙襪子也不需特殊的清洗保養，只要丟進洗衣機，依照正常的一般清洗流程即可，也不需使用特殊的洗潔劑，脫水之後晾乾即可。

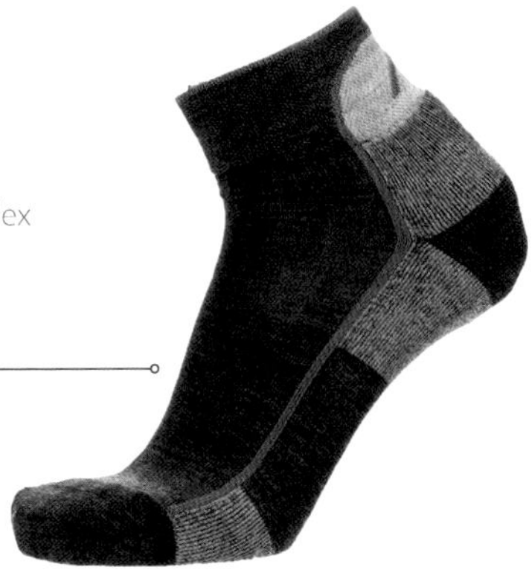

成分：61% Merino Wool, 37% Nylon, 2% Lycra® Spandex

item 5

Oboz-Bridger MID BDry 戶外健行鞋

被評為最舒適的多用途戶外鞋

新銳品牌 Oboz 是來自美國的一個專門製作戶外鞋款的，二〇〇七年成立於美國蒙大拿州黃石公園內的 Bozeman 地區，這兒擁有得天獨厚的優美環境，成為該品牌的設計靈感來源。其中，針對多功能戶外運動熱愛者所設計的多項專利技術，曾經榮獲二〇一四國際指標戶外雜誌《Backpacker》及《Men's Journal》評價為「最舒適且適合長時間穿著的專業登山鞋」與「全能冠軍鞋」的美譽高等評價。

經過多次一整天的中、低海拔山區的健行或騎單車的使用，我覺得這是一雙值得注意的好鞋，雖然外觀看起來並不起眼，和一般防水戶外鞋差異不大，但是在細節設計上，仔細看還是會發現和許多中低價位的鞋款有些差異。主要是穿著舒適性和穩定度相當良好，它有點重量，但不會像一般重裝登山鞋那般沈重，軟中帶硬的鞋底，讓我背負背包行走整天，腳底也不易痠痛。

有「Q」勁又夠硬的鞋底，讓我騎登山車進入林道二、三天的行程中，行走推車時抓地力良好，而長時間用力踩在踏板上或是快速下滑時，又不會像一般偏軟的健行鞋，容易讓前腳掌痠痛發麻，稱得上是一雙表現均衡的多用途戶外鞋。

確實舒適好穿的原因

穿上襪子後再將這雙 Bridger MID BDry 套入腳上，馬上可以感受到完整的包覆感，站起身時也同樣立即有穩固的支撐感，稍加走動一下，可以感到大底的弧度與軟中帶硬的中底，只要尺寸符合腳型，確實可以感到舒適。這些令人喜悅的感受主要是由於以下設計特點所帶來：

鞋底科技

1. 耐磨的大底有深達 4mm 的特殊刻痕設計，也因此提供了絕佳的抓地力。
2. 雙密度一體成型的 EVA 中底，提供舒適與避震性能。
3. 在中底和大底之間，額外鑲嵌了一塊輕巧的 TPU 支撐墊，雖然外觀看不見，但這個設計強化了鞋底的穩定性，行走時會更加穩固。

4.在鞋跟的外圍包覆了一層穩定片，這層穩定片為一體成型技術製造，讓鞋跟的包覆與支撐性更好，可讓人在穿著行走時不易扭傷腳踝。

1.附屬的鞋墊等級不錯，已有基本的避震與支撐功能。
2.鞋跟處的包覆性極佳。

適當鞋墊

一般的鞋款都是搭配一片輕薄鞋墊，沒有什麼太特別的作用，但是 Oboz 的鞋款使用的鞋墊卻有不同，主要是在設計上採用複合材質，並塑造出符合腳底足弓的弧度，使得腳掌更加貼合鞋墊，因此獲得較佳的支撐性。

理想的防水設計與優缺點分析

這雙鞋的防水技術並非如同大多數的戶外健行鞋一般，直接採用 Gore-tex 薄膜，而是使用自家的「B.Dry」。這是一層 PU 聚脂防水透氣薄膜，中級山區行走一整天下來，感覺透氣性還不錯。根據原廠的說法，每雙使用「B.Dry」技術的鞋款，都有通過四萬次以上的防水折曲試驗，不但防水效果極佳，依然保有不錯的透氣性，搭配內層舒適的材質，經過鳶嘴山、郡大山等幾次健行與騎單車行程的操磨下來，確實不易感覺悶熱，那表示有不錯的透氣性，至於防水效果，這是一雙高品質戶外鞋最基本的要求，當然採用真皮鞋面的這雙 Bridger MID BDry 也有不錯的表現。

優點

1.鞋款的選材用料扎實。
2.鞋體的包覆性很好，舒適度也理想。
3.大底的刻痕很深，又夠軟，適合土石路面穿著，不易滑動。（濕滑的堅硬地面除外）
4.中底的支撐性夠，腳跟部位的支撐性佳，比一般的休閒鞋更能負荷較重的背包背負。（但仍不能和專業登山鞋相提並論）
5.鞋底的結構組成，對於避震性能很有助益。
6.鞋楦的弧度符合台灣人的腳型。
7.整體來說，比一般休閒鞋有更多的適用場合。

重量：583g（M9）

★結論：長時間穿著行走不易痠痛或疲累，專業度優於一般市面上常見的輕量健行鞋。

缺點

1.由於用料厚實，所以重量較重。（相對同級產品而言）
2.皮質較硬，導致高筒款在鞋舌與腳踝接觸的部位（小腿最細處），走久了會因壓迫而疼痛。

適用的環境與用途

1.輕量級（不負重過大）的登山健行路線。除了一般人以外，也包括了專精於輕量化的長程登山高手。
2.非雪季時期的大眾化高山健行路線。
3.路況良好的中級山健行路線。
4.一般休閒旅遊、徒步旅行。
5.由於鞋底夠硬，也適合登山車騎乘。

item 6

Gregory-Z40 輕量雙肩背包

符合人體工學的舒適背負

成立於一九七七年的美國品牌 Gregory，是背包當中的頂尖品牌，這個品牌的背包講究的是合身，認為合身才是王道，背包界有很多的創新都是由這個品牌開始了第一次，包括第一次採用不同的支架、肩帶、腰帶來製作背包；第一個開發可調節的腰帶系統，不但可調節腰帶角度，還可以自動改善背負負重等功能。Gregory 的每一款背包都講究符合人體工程學且舒適的合身，因此才能獲得舒適的背負。

雙肩背包可以從容量很小的跑步用，一直到很大的長征健行用，這款品名為 Z40 的輕量雙肩背包，適用於一日到三日的戶外行程使用，算是中型容量的產品，用途又較為全面，幾乎各種戶外活動的過夜行程都可以派上用場。

新穎的人性化設計

這款背包最大的優點在於它的背負系統設計，有個專有名詞為 CrossFlo DTS Suspension。這個網狀背負系統設計最大的優點，即是在不影響負重表現的條件下，追求最舒爽、可以讓氣流通過背包與身體背後的設計。其他有助背負性能的設計還有：

1. 有輕量的彈性鋼條設計，可以將重量直接轉移至腰帶與腰墊上面。
2. 獨家的 DTS 背負系統以牽引帶的設計來增加背負系統的支撐性，不但能將重量分散在整個彈性鋼條上，也不會壓縮到背包與身體間的空間，並能將重量導引至腰帶與臀部的位置。
3. 透氣又吸濕的網布肩腰帶的設計，讓背包與身體接觸的部位保持舒適。

此外，關於收納的便利性設計也是這款背包的過人之處，例如，主袋採用新式的扣具，可以快速地拉開或收緊袋口。正面除了有個附袋之外，還有大型的U型開口，可直接通主袋快速放置物品。內層有水袋隔間層，可拆式拉鍊開口頂袋，內有鑰匙繩，頂袋下方有一拉鍊開口，可置放重要物品。正面有兩個可以隱藏冰斧及登山杖的工具環與固定帶，兩側有彈性水瓶擴充袋的設計，以及腰帶上有可以快速拿取物品的口袋。側邊與底部則有壓縮帶，必要時可在濕冷的天氣放置穿過的潮濕雨衣。此外，還有內建同色系的防雨背包套，使用者不必再另外購買。

實際使用的感想

背包就是要背負舒適，這款Z40的背負系統在肩帶與腰帶部分使用透氣的EVA發泡材質，不但輕量，而且有不錯的減壓避震功效，由於背長尺寸有符合使用者的背長與身型（有分男女款），所以在調節正確的腰帶與肩帶的鬆緊之後，再扣上胸帶，只要不超重，都可以讓背包很穩定地服貼在背部。當背負著重量行走時，即使上半身有側身彎曲或是前傾動作，也都可以緊密貼合身體，就像是穿著一件合身的衣服一樣，確實舒適度頗佳。

而收納的功能也是相當優秀，尤其是主袋開口的開啟確實非常方便，當頂袋掀起之後，主袋的開啟只要單手就能操作。每一個位置的塑膠扣具都非常精巧就手，尤其最重要的腰部扣具，雙手各握一邊的織帶，只要單手就能拉緊或放鬆，是非常人性的設計。而左右二條腰帶上的小口袋，用來放置例如小零食、頭燈等小物，真是很方便，不需放下背包就可以拿取。只要內側有攜帶飲水袋，連喝水也不必卸背包停下來。

總之，這款背包已經很難再找到缺點，唯一的顧慮，大概就是輕薄的布料是否經得起野地環境的磨損，不過已經在使用過多次的戶外行程後，也沒有刻意防護的情況下，目前尚未發生任何問題，但是舒適好背是立刻感受得到的事實。

M號：容量40L，重量1.30kg，適合背長46cm～51cm
L號：容量42L，重量1.39kg，適合背長51cm～56cm
材質：210D Robic Dynagin，100D Robic GR Shadowbox，200D聚酯纖維牛津布，256g 聚酯纖維彈性布，190T nylon taffeta
舒適負重：約16kg

item 7

Black Diamond- Storm 輕量頭燈

輕便耐用的功能設計

美國的 Black Diamond 是相當老牌的專業攀岩、登山、滑雪等裝備的品牌，其裝備歷史可追溯到一九五七年，現代攀岩運動的發起階段。一向喜歡研發新技術與材質，其產品簡單、高效，而且標榜經久耐用，其推出的各項裝備幾乎已經達到業界的標準。

Black Diamond 的產品線品項眾多，輕量的 Storm 頭燈只是其中之一，但卻是 Black Diamond 的最新力作，是該廠頗具代表性輕量化頭燈，這款頭燈的操作模式和亮度設置豐富多樣，其功能包括全光照明，遠、近光模式下的無段亮度調整，紅色夜視光和閃爍模式。

多功能與輕便設計

頭燈就是要戴在頭上使用的，一般的戶外活動包括賞鳥、健行在內，當然也會有摸黑的時候，但是頭燈不必過高的亮度，只要能夠照明路徑即可，反而輕量與省電才是最重要的。Storm 的主燈泡是使用一顆 QuadPower LED，最高亮度一百六十流明，最遠照度達七十公尺，最大使用時間二百個小時（四流明）。兩側小燈使用 SinglePower white LEDs，切換使用時，雖大大降低照度距離，卻增強了照度範圍，也更省電，適用於夜間近距離工作、料理甚至閱讀。

此外，還可以切換至紅光模式，為什麼要紅光呢？原來是黑夜中，紅光較不刺眼，比較不會影響野生動物的雙眼，有些時候不需太亮，可以切換到這個模式。防水級數達到了 IPX7，即使大雨下的惡劣氣候也完全不影響 Storm 的運作；甚至還達到水下一公尺的耐壓能力（三十分鐘）。在基本操作上有強光、弱光、微調、閃爍、紅光及開關鎖模式以及新的單指觸控功能（PowerTap™）。這樣的性能表現，實際操作使用時又是如何呢？

實際使用的感想

拿到Storm頭燈時，第一印象就是輕量小巧，雖然四顆四號電池直接裝在燈殼內，但仍不覺得厚重。正面可見主燈QuadPower LED一顆、兩顆白副燈SinglePower white LEDs以及兩顆紅副燈SinglePower red LEDs，還有及上方的主控制鍵。主體左側還有電量顯示燈，主體右側則是PowerTap™觸控版（亮燈符號）。頭帶髒汙時可自行拆卸清潔；電力供應是使用四顆AAA電池，而電池室與背蓋間有厚達一厘米的隔絕層，得以完全阻隔水分的滲入避免機體故障。有電量顯示燈以及LOCK警示燈的設計，每次開啟Storm時左側會亮起約三秒鐘的電量殘存提示，顯示為綠燈代表電量充裕，若呈現紅燈就是電量低，該準備換電池囉。

在開啟狀態下，每壓按一次按鍵，就可切換主燈與二側副燈，長按不放時，可以逐漸無段地改變亮度，由最暗至最亮或者是最亮至最暗。因為只有一個操作按鍵，為了避免頭燈塞在背包內時不小心被搖晃的物品壓到而意外開啟，因此設計了LOCK的功能，在燈體右側有一小小的藍色燈號，如果呈現閃爍藍燈則是主體已經LOCK了，要解鎖或閉鎖只要長按主控制鍵六秒即可，算是非常聰明的設計。

Storm頭燈的右側配置了PowerTap™觸控版，這項突破性的新功能就是在LED開啟狀態下，只要手指輕觸亮燈符號的位置即可直接切換至強光模式（一百六十流明），再一次輕觸則可回到切換前的亮度。也就是說即使在使用最低亮度的四流明狀態，只要輕觸PowerTap™位置即可立即切換到強光模式！達到IPX7的防水等級，不但防雨，即使不小心掉落水中，也可以在一米深度耐受三十分鐘而不滲水，已經是非常實用的性能了。

重量：54g（不含電池）
防水等級：IPX7
※燈組不使用時請卸下電池，可避免因電池漏液造成燈具晶片永久性損害。

item 8

Stanley 三件式個人鍋組

絕佳的保溫保冰效果

賞鳥是一件經常需要經歷漫長等待的過程，有時會需要來點熱飲讓身體更加溫暖，或者是肚子餓了，如果能夠現場煮碗熱食，更是恢復體力與意志力的必要手段。許多適合賞鳥的環境都在深山野地，有些高海拔地區就算是夏季，在曬不到陽光的地方長時間保持靜止姿勢，依然是會感到涼意的。就算是身處美麗的路線之中，低溫常常將人的理智拉回現實，此時我們只渴望一樣東西，那就是「熱」！無論是熱食、熱飲、熱咖啡、熱可可甚至一杯熱水都好，只是帶著保溫瓶嗎？這有點陽春了，但是就算帶著登山用的小瓦斯爐，也得有個襯手適用的好鍋具啊！這個來自美國的品牌「Stanley」，就有推出這樣的好玩意兒。

百年老牌不鏽鋼製品

Stanley 已經有百年歷史了，這款明顯美國風格的不銹鋼真空保溫鍋組，有著絕佳的保溫與保冰效果，符合 U.S.

FDA（美國食品藥品管理局）與歐規的EN 12546-1的標準規範。讓飲料與食材保持溫度，避免微生物的滋生，維護人們食的安全。

這套個人用的三件式鍋具組包含三個組件，最外層是一個容量〇・七公升的不鏽鋼煮鍋，材質採用食品級的18/8（304）不鏽鋼，可以火燒耐高溫而不會釋放毒素，設計有收折式手把可握持，收折後直接壓在鍋蓋上方，不會搖晃也不占收納空間；鍋蓋上方有洩氣孔，方便蒸汽溢出，在這個不鏽鋼鍋的內部空間再收納二個容量為〇・三公升的塑膠杯，可重疊放置，這二個塑膠杯採用的材質也是可耐熱至140℃，耐酸鹼、耐化學物質、耐高溫以及不含BPA的聚丙烯PP。剛好可以煮個人分量的熱咖啡或是泡麵等熱食，還有二個杯子可以使用，整個收納之後體積不大，非常精巧。

實際使用的感想

不鏽鋼鍋的內部有水位刻度，可以輕易判斷容量，將折疊式握把拉開，可以輕易地握住，不管是要提著裝水，還是直接用來吃泡麵都可以。在水已經煮沸時，這個折疊式握把在展開後也不會覺得很燙，使用非常就手。鍋蓋頂部的孔洞可溢出蒸氣，就算水已經煮沸沒有立即關火或掀開鍋蓋，也不容易衝開。鍋蓋上方也有精巧的小提把，很容易拿開或是蓋上鍋蓋。

這個不鏽鋼鍋為雙層設計，保溫效果很好，雖不致於能夠保溫一整天的熱咖啡，但是只要將鍋蓋蓋上，維持數小時都有溫熱的飲料是沒問題的。搭配的二個塑膠杯也很實用，杯身材質有一定厚度，所以並不會感到燙手。只要隨身攜帶輕便的瓦斯爐頭和小瓦斯罐，搭配這款個人用三件式鍋具，可以很輕易地快速喝到熱茶、熱咖啡，非常適合一整天的戶外健行或賞鳥行程，是非常酷的個人用鍋具組。尤其在逐漸變冷的冬季山區，就算凜冽寒風環伺，只要在避風處將爐具、鍋具一一展開後，手握著一杯熱咖啡，往往就能讓人內心感到踏實與平靜哪！

顏色：不鏽鋼原色
空重：400g
煮鍋容量、材質：709mL，單層18/8(304)食品級不鏽鋼
手杯容量、材質：295mL，聚丙烯PP(可耐熱至140℃，耐酸鹼、耐化學物質、耐高溫以及不含BPA)

item 9

MINOX BF10×42 New 雙筒望遠鏡

視野完整影像豐富透亮

當拿起此款42mm大口徑物鏡十倍放大倍率望遠鏡時，並不會感覺到沉重，它的重量約六百六十克，比相同口徑規格的望遠鏡輕了一百克左右，這使得長時間攜帶及觀察後仍然不會感到疲累。人體工學的外型構造，機體下方凹入式設計，服貼著拇指支撐的位置；筒身頂部有倒三角的凸起表面，恰好服貼上方握持的四根指節，因此握持穩定度佳，久握也不會手酸。

高眼點的後焦距離，裸視時旋起目鏡罩並從目鏡望向觀察主體時，邊緣沒有黑影，整個視野是完整的，眼睛感到放鬆。當戴上眼鏡時，旋降下目鏡罩觀看，依然看到完整的視野。高眼點的設計搭配上旋起式目鏡罩，真是太方便了！對於左右眼有視差的我來說，使用雙筒望遠鏡前一定會將右目鏡下的視差調整環調好，當轉動視差環時感到環上的縱紋表面很就手，很快就調整到位。接下來將包裝內所附的減壓寬背帶裝上，當背起時頸背並不會不舒服，這有彈性的減壓背帶可將振動減緩，而寬幅的背帶則將壓力分散，即使久背後，頸背也不會感到壓迫。

色彩細節豐富銳利

這款全鏡片多層鍍膜及菱鏡採用像位補正鍍膜，筒內密封並充填氮氣，當觀看時非常透亮，色彩自然細節豐富且銳利，在林間陰影處賞鳥時仍然能清楚看出羽毛的紋理。42mm物鏡口徑搭配十倍放大倍率的規格，產生出4.2mm的入瞳直徑，使瞳孔能接受到較充足的光線，同時較大的入瞳直徑也讓眼睛感受到較佳穩定度。

尼龍攜帶包除了可以搭配望遠鏡本身的背帶背於肩上，也可攜帶包背部的掛帶穿過腰帶而繫在腰上，攜帶上算是很方便。當需要長期間定點觀察時，可將望遠鏡前軸上面的轉接螺孔蓋旋出，會看到螺芽孔，可購買市面上的L鐵腳架轉接器，再架在三腳架上觀賞，便不需手持，且可以看到更穩定銳利的影像。以目前市場上零售價格一萬元內的相同規格雙筒望遠鏡來說，這是CP值很高且值得推薦的產品。

item 10

MINOX MD 88 W 單筒望遠鏡

影像細節更細緻豐富

對資深的賞鳥者來說，單筒望遠鏡絕對是必備的觀察工具。雖然它的體積總是比雙筒望遠鏡大，重量也重，但為了高倍的放大倍率，可將野鳥的影像拉得更近，只好也盡量帶著又重又大的單筒望遠鏡及三腳架出門。

光學領域中，在材料、設計及製造條件相同時，口徑愈大，入光量也愈大，影像的細節也就愈豐富。然而物鏡口徑愈大，體積及重量就愈大，攜帶上也就不方便。但再重再大都抵擋不了熱情的賞鳥者，還是要背負著它行數千數萬公尺的路途，只為觀察到令人難忘的野鳥生態。

色彩飽和暗部層次豐富

剛拿到這款物鏡口徑 88mm 的 MINOX 單筒望遠鏡時，非常期待它的亮度表現及解像力，果然以大口徑物鏡加上氟化物螢石鏡片所達成的完全消色散，使得影像相當地銳利，色彩很飽和，同時暗部的層次也很豐富。88mm 物鏡搭配二十倍到六十倍的變倍目鏡，所產生較大的入瞳直徑，即使將放大倍率變換到六十倍仍有大且舒適的入瞳直徑。

目鏡的設計整合了攝影的插刀接口，透過轉接環即可直接裝上單眼相機拍照。抽拉式的目鏡罩除了可遮蔽周圍的干擾光外，上方有凸起式瞄準線，確實達到快速瞄準觀察主體的輔助功能，當不用時將之推回收起，也不會增加攜帶的長度。具備二段調焦環，即粗調及微調，使用時真的提升了對焦的精準度。多段的旋起式目鏡罩，無論配戴眼鏡或裸視都獲得了完整的視野。

貼心彈性的設計

黑色的包覆式攜帶套，採用耐磨的尼龍材質，結構上設計的很貼心，不需脫掉攜帶套即可裝上腳架並開啟物鏡蓋及目鏡蓋，掀開對焦環上之包覆即可轉動對焦環，當要背負攜帶時，只需將背帶扣在背帶掛耳上。腳架銜接板的尺寸是寬 4.2cm × 長 5.2cm，設計上很特別，形狀就跟許多雲台上的標準快拆板一樣，因此經過我實際的測試，它真的可以直接裝在多年前購買的 Manfrotto 141RC 雲台上，這樣就不用麻煩地轉動螺芽接腳了。它同時還保留有腳架接孔，而且是標準螺孔及加大孔都有，銜接腳架的設計在使用上非常有彈性。

密封的鏡筒內部是以高壓方式充填入氬氣，可防止水氣及黴菌的侵入，防水深度達到五米，這可以常保筒內清晰不會霧化，同時在惡劣的氣候下使用也不需擔心。

同場加映

APPENDIX

本章節收錄介紹全世界最大的賞鳥博覽會，以及德國光學重鎮——Wetzlar的發展，認識目鏡、顯微鏡、相機等光學原理的開發演進歷程；另有二〇一四年鳥會公布的鳥類名錄，以及台灣重點野鳥棲地與各地鳥會的聯絡資訊。

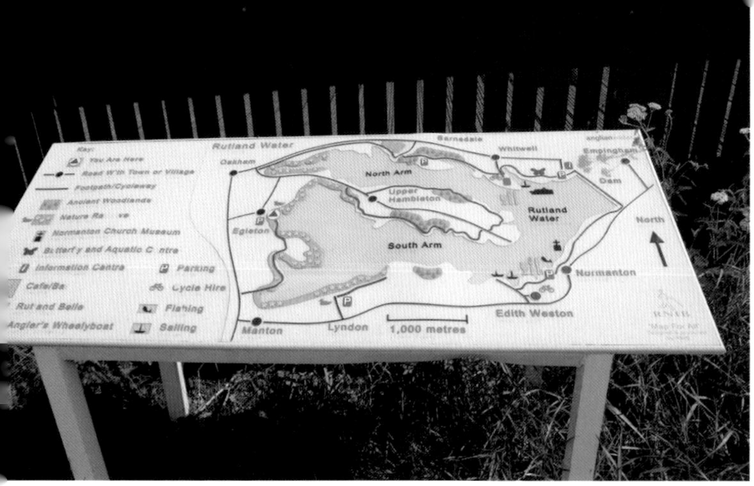
Rutland Water
You Are Here
Footpath/Cycleway
Ancient Woodlands
Normanton Church Museum
Information Centre
Parking
Cycle Hire
Fishing
Sailing
Angler's Wheelyboat
Oakham
Barnsdale
Whitwell
Empingham
North Arm
Upper Hambleton
Rutland Water
Dam
North
South Arm
Egleton
Normanton
Edith Weston
Lyndon
Manton
1,000 metres

Ospreys at Rutland Water

MINOX
Camera

造訪全世界最大的賞鳥博覽會

1. Canon照相器材展覽區一角。2. 自然保育區內的自然中心。3. Oakham市區內的商店街。

造訪這個全世界最大的賞鳥博覽會（British Birdwatching Fair），第一屆於一九八九年舉辦，至今已經有超過二十五年的歷史。每年八月在英國的Rutland Water舉辦，為期三天的展覽活動有將近二萬人參與。

在二〇一三年共有三百五十家公司及組織參展，其中包括各國的生態旅遊公司、望遠鏡、相機、鳥類藝術品、賞鳥裝備及保育組織等，約二萬二千人造訪展覽活動。當時透過參觀門票、展覽攤位租金及其他共收入約二十七萬英鎊，主辦單位並將收入投入到鳥類及鳥類棲地的保育上，至當年為止共募資達三百三十四萬英鎊，使得此展覽活動成為保育的重要資金來源。

Rutland Water位於倫敦北方距離一百零五英里處，搭乘火車約需三小時左右可抵達Oakham Station，再於Oakham Station搭乘主辦單位於活動期間提供的免費接駁巴士即可抵達活動現場，離開時亦可從活動現場搭乘返回之免費巴士，行前可從官網查詢火車時間。www.nationalrail.co.uk

德國光學重鎮之旅

德國光學重鎮 Wetzlar，最早有 Wetzlar 這個城鎮的記載可追溯至一一四一年時的文獻。然而在西元七八〇年的文獻中記載著關於鐵礦業在 Nauborn，位於 Wetzlar 的市郊南端。一一八〇年的文獻中記載著腓特烈一世國王（Emperor Friedrich Barbarossa）授予 Wetzlar 的居民數項重要的權力及特權，因而使 Wetzlar 發展成為帝國之城。

地理位置於科隆及法蘭克福的繁忙貿易路線間，人口不斷地快速增加，在一二五〇年居民約有四千人，興盛的十四世紀中時期，繁榮的商業與貿易活動，麵包師、釀酒師、長袍縫紉師、肉販、鐵匠及裁縫師七個興盛的行業業者在 Wetzlar 組成公會，當時居民已達六千人左右，同時期法蘭克福的居民約有一萬人。

當時鄰近的周邊領地之一些君王發動攻擊 Wetzlar 的頻率增加，迫使 Wetzlar 投入龐大防禦成本，造成必須對外舉債，至一三七〇年 Wetzlar 無法支付分期的還款及利息，然而破產是無可避免的，科隆與法蘭克福間將貿易路線改道而不經過 Wetzlar，使 Wetzlar 的商業與貿易急速地衰退，居民變得貧窮，無論是郊區或市中心的人口都以驚人的比例流失，至十六世紀末，居民數量僅剩約二千人。然而在一六八九年帝國的最高法庭（Imperial Supreme Cout）從 Speyer 遷移至 Wetzlar，使城鎮獲得新的發展方式。也因 Wetzlar 擁有大量的鐵礦蘊藏，成為了十九世紀重工業及精密光學形成的基礎。

目鏡與顯微鏡的開發

Carl Kellner（一八二六～一八五五年）及 Moritz Hensoldt

（一八二一～一九〇三）被譽為現代光學的先驅者，Carl Kellner 於學校畢業及做過精密機械工程的學徒後，與 Moritz Hensoldt 熟識，並在一九四八年一起成立自雇自營的企業，但沒有成功。一九四九年 Carl Kellner 在 Wetzlar 成立自己的工作室，該年的七月至十一月 Moritz Hensoldt 和 Carl Kellner 一起工作，並且發表了以創新技術設計及製造的不失真的目鏡，使得專家及研究者可結合於單筒望遠鏡。Carl Kellner 並於一八五一年開始製造顯微鏡。

Moritz Hensoldt 於一八五二年在他的家鄉 Sonneberg 成立自己的工作室，但他仍然保持著與 Wetzlar 的關係，並且於一八五四年與 Carl Kellner 及 Louis Engelbert 的表姊妹 Christine Ohlenburger 結婚。然而 Carl Kellner 於一八五五年二十九歲時因肺結核病逝，公司由他的表兄 Louis Engelbert 管理，一年後 Carl Kellner 之前的員工 Friedrich Belthle 與 Carl Kellner 的遺孀結婚，並成為了公司的擁有者。

一八六一年，Louis Engelbert 與 Moritz Hensoldt 在 Braunfels 共同擁有工作室並一起製造顯微鏡，一八六五年他們分開並且到 Wetzlar 成立各自的工作室，但 Hensoldt 仍持有他在 Engelbert 工作室的股份。一八六四年 Ernst Leitz 旅行到 Wetzlar 時得知 Carl Kellner 的工作室，五年後當 Friedrich Belthle 過世時，Ernst Leitz 成為 Kellner 工作室的唯一擁有者。

Ernst Leitz 的家鄉在 Sulzburg，身為老師的兒子，他的雙親希望他成為牧師；然而他依著自己的興趣到 Pforzheim 的 Ochsle 企業當機械學徒，並在之後遊歷

Wetzlar市區的光學博物館內部，此博物館是由多家知名的光學品牌公司共同出資經營。

1. 德國大文豪歌德（Johann Wolfgang von Goethe）於1772年時在此房屋居住了四個多月，在Wetzlar的經歷激發他創作出《少年維特的煩惱》這本世界名著。2. 拉恩河及拉恩舊橋。

到瑞士時，習得以合理化分工執行大規模製造的方法。當 Ernst Leitz 於一八六九年接管工作室時他帶著家人及二十名工作室的員工搬進新的建築，地址是今日的「Laufdorfer Weg 2 Wetzlar」。

底片相機的起源

一九一四年 Ernst Leitz 發展電影攝影機，當時 Leitz 的工程師 Oskar Barnack 發明了使用電影底片拍攝單張照片的相機（即今日的 24mm×6mm 底片相機），當時的原型機為 Ur-Leica 相機。Ernst Leitz II. 及他的兒子們 Ernst III, Ludwing 及 Gunther 這兩個世代的一九三五年到一九五〇年期間，多樓層的鋼筋混凝土公司大樓建造完成，一九五七年 Leica 公司的員工已經達到五千人。

一九〇三年當 Moritz Hensoldt 過世時，他的公司有一百二十三人，在第一次世界大戰前增加到一百八十人，一九一八年達到四百五十人。由於戰後需要改變及擴大生產，一九二八年面臨資金短缺而迫使公司需要依靠在 Jena 的 Carl Zeiss 的資金，並使 Carl Zeiss 成為最大的股東。第二次世界大戰期間，該公司員工超過二千人。時至今日，Hensoldt AG 這家公司是 100% 屬於 Carl Zeiss Oberkochen 公司所有。

一九三四年 Mr. Walter Zapp（間諜相機發明人）設計了間諜相機的木製模型，該年底他構想出間諜相機的主要功能、機械運作及相機尺寸。WalterZapp 於一九三五年完成間諜相機的設計圖，隔年原型機製造完成並命名為 Ur-MINOX，並以此原型機拍攝出滿意的測試照片。一九三八年於拉脫維亞的里加（Riga Latvia）製造的 MINOX 間諜相機正式上市，至一九四三年這款超小型的間諜相機共生產出大約一萬七千台並銷售到世界各地。一九四五年 MINOX GmbH 在德國的 Wetzlar 成立。

Wetzlar 以頂尖的光學及精密的機械技術聞名全球，因此被稱為「City of Optics」。這個城鎮是顯微鏡、望遠鏡、眼鏡及相機的設計製造之發源地，除了上述全球知名的光學公司，還有許多光學相關的公司在此發展。當地的光學公司為了讓在地的青少年認識 Wetzlar 的光學發展，進而願意留在本地從事光學工作，共同出資成立 WETZLAR 光學博物館。

台灣重要野鳥棲地

台灣重要野鳥棲地（Important Bird Area, 簡稱 IBA）的劃設是從一九九八年開始，由中華民國野鳥學會邀集全國各地野鳥學會、濕地保育聯盟和其他保育人士等進行調查、籌備與規畫，並依據國際鳥盟所訂定全球通用的劃設準則；至二〇一六年時已經累積劃設了五十六個重要野鳥棲地如下：

01. 新北野柳
02. 新北挖子尾
03. 台北關渡
04. 台北華江
05. 哈盆福山
06. 桃園大坪頂及許厝港
07. 桃園石門水庫
08. 桃園雪山山脈北段
09. 新竹市濱海地區
10. 雪霸國家公園
11. 台中高美濕地
12. 台中大雪山、雪山坑、烏石坑
13. 大肚溪口濕地
14. 彰化漢寶濕地
15. 彰化八卦山北段
16. 濁水溪口濕地
17. 雲林湖本
18. 南投北港溪上游
19. 南投瑞岩
20. 南投能丹
21. 嘉義鰲鼓濕地
22. 嘉義朴子溪口
23. 嘉義布袋濕地
24. 嘉義八掌溪中段
25. 台南北門
26. 台南青鯤鯓
27. 台南七股
28. 台南葫蘆埤
29. 台南四草
30. 高雄永安
31. 高雄黃蝶翠谷
32. 高雄扇平
33. 出雲山自然保護區
34. 玉山國家公園
35. 高雄鳳山水庫
36. 大武山自然保留區及雙鬼湖野生動物重要棲息環境
37. 屏東高屏溪
38. 墾丁國家公園
39. 台東蘭嶼
40. 台東知本濕地
41. 台東海岸山脈中段
42. 玉里野生動物保護區
43. 花蓮花蓮溪口
44. 太魯閣國家公園
45. 宜蘭利澤簡
46. 宜蘭蘭陽溪口
47. 宜蘭竹安
48. 金門國家公園及周邊濕地
49. 澎湖北海島嶼
50. 澎湖東北海島嶼
51. 澎湖縣貓嶼海鳥保護區
52. 澎湖南海島嶼
53. 馬祖列島燕鷗保護區
54. 高雄茄萣濕地
55. 台東樂山
56. 彰化芳苑濕地

各地鳥會聯絡資訊

鳥會名稱	地址	聯絡電話
中華民國野鳥學會	台北市文山區景隆街 36 巷 3 號 1 樓	(02)86631252
基隆市野鳥學會	基隆市仁愛區南榮路 177 號 2 樓	(02)24274100
台北市野鳥學會	台北市大安區復興南路二段 160 巷 3 號 1 樓	(02)23259190
桃園市野鳥學會	桃園市桃園區中山路 676 號 3 樓	0978-236319
新竹市野鳥學會	新竹市光復路二段 246 號 4 樓之 1	(03)55728675
彰化縣野鳥學會	彰化市大埔路 492 號 5 樓	(04)7110306
雲林縣野鳥學會	雲林縣斗南鎮信義路 242 巷 2 號 1 樓	(05)5966970
嘉義市野鳥學會	嘉義市吳鳳南路 119 之 4 號	(05)2226160
嘉義縣野鳥學會	嘉義縣朴子市祥和二路西段 9 號	(05)3621839
台南市野鳥學會	台南市南門路 237 巷 10 號 3 樓	(06)2138310
高雄市野鳥學會	高雄市前金區中華四路 282 號 6 樓	(07)2152525
屏東縣野鳥學會	屏東市大連路 62 之 15 號	(08)7351581
宜蘭縣野鳥學會	宜蘭縣員山鄉石頭厝路 200 號	0912-905929
花蓮縣野鳥學會	花蓮市德安一街 94 巷 9 號	(03)8339434
台東縣野鳥學會	台東縣台東市正氣路 192 號	(089)322678
台灣野鳥協會	台中市南區建國南路二段 218 號	(04)22600518

台灣鳥類名錄

註：2017 年中華民國野鳥學會鳥類紀錄委員會將全盤檢視鳥類新紀錄種

編號	中文名	學名	英文名	遷留屬性
C01	**雁鴨科**	*Anatidae*		
1	樹鴨	*Dendrocygna javanica*	Lesser Whistling-Duck	迷
2	鴻雁	*Anser cygnoides*	Swan Goose	冬、稀
3	寒林豆雁	*Anser fabalis*	Taiga Bean-Goose	冬、稀
4	凍原豆雁	*Anser serrirostris*	Tundra Bean-Goose	冬、稀
5	白額雁	*Anser albifrons*	Greater White-fronted Goose	冬、稀
6	小白額雁	*Anser erythropus*	Lesser White-fronted Goose	過、稀
7	灰雁	*Anser anser*	Graylag Goose	迷
8	黑雁	*Branta bernicla*	Brant	迷
9	小加拿大雁	*Branta hutchinsii*	Cackling Goose	迷
10	疣鼻天鵝	*Cygnus olor*	Mute Swan	迷
11	小天鵝	*Cygnus columbianus*	Tundra Swan	迷
12	黃嘴天鵝	*Cygnus cygnus*	Whooper Swan	迷
13	瀆鳧	*Tadorna ferruginea*	Ruddy Shelduck	冬、稀
14	花鳧	*Tadorna tadorna*	Common Shelduck	冬、稀
15	棉鴨	*Nettapus coromandelianus*	Cotton Pygmy-Goose	迷
16	鴛鴦	*Aix galericulata*	Mandarin Duck	留、不普 / 過、稀
17	赤膀鴨	*Anas strepera*	Gadwall	冬、不普
18	羅文鴨	*Anas falcata*	Falcated Duck	冬、稀
19	赤頸鴨	*Anas penelope*	Eurasian Wigeon	冬、普
20	葡萄胸鴨	*Anas americana*	American Wigeon	冬、稀
21	綠頭鴨	*Anas platyrhynchos*	Mallard	冬、不普 / 引進種、稀
22	花嘴鴨	*Anas zonorhyncha*	Eastern Spot-billed Duck	留、不普 / 冬、不普
23	呂宋鴨	*Anas luzonica*	Philippine Duck	迷
24	琵嘴鴨	*Anas clypeata*	Northern Shoveler	冬、普
25	尖尾鴨	*Anas acuta*	Northern Pintail	冬、普
26	白眉鴨	*Anas querquedula*	Garganey	冬、稀 / 過、普
27	巴鴨	*Anas formosa*	Baikal Teal	冬、稀
28	小水鴨	*Anas crecca*	Green-winged Teal	冬、普
29	赤嘴潛鴨	*Netta rufina*	Red-crested Pochard	迷
30	帆背潛鴨	*Aythya valisineria*	Canvasback	迷
31	紅頭潛鴨	*Aythya ferina*	Common Pochard	冬、稀

編號	中文名	學名	英文名	遷留屬性
32	青頭潛鴨	*Aythya baeri*	Baer's Pochard	冬、稀
33	白眼潛鴨	*Aythya nyroca*	Ferruginous Duck	迷
34	鳳頭潛鴨	*Aythya fuligula*	Tufted Duck	冬、普
35	斑背潛鴨	*Aythya marila*	Greater Scaup	冬、稀
36	長尾鴨	*Clangula hyemalis*	Long-tailed Duck	迷
37	鵲鴨	*Bucephala clangula*	Common Goldeneye	過、稀
38	白秋沙	*Mergellus albellus*	Smew	過、稀
39	川秋沙	*Mergus merganser*	Common Merganser	迷
40	紅胸秋沙	*Mergus serrator*	Red-breasted Merganser	冬、稀
41	唐秋沙	*Mergus squamatus*	Scaly-sided Merganser	冬、稀
C02	**雉科**	*Phasianidae*		
42	鵪鶉	*Coturnix japonica*	Japanese Quail	過、稀
43	小鵪鶉	*Coturnix chinensis*	Blue-breasted Quail	留、稀
44	台灣山鷓鴣	*Arborophila crudigularis*	Taiwan Partridge	留、不普
45	竹雞	*Bambusicola thoracicus*	Chinese Bamboo-Partridge	留、普
46	藍腹鷴	*Lophura swinhoii*	Swinhoe's Pheasant	留、不普
47	黑長尾雉	*Syrmaticus mikado*	Mikado Pheasant	留、稀
48	環頸雉	*Phasianus colchicus*	Ring-necked Pheasant	特亞、稀 / 雜、不普
C03	**潛鳥科**	*Gaviidae*		
49	紅喉潛鳥	*Gavia stellata*	Red-throated Loon	迷
50	黑喉潛鳥	*Gavia arctica*	Arctic Loon	迷
51	太平洋潛鳥	*Gavia pacifica*	Pacific Loon	迷
52	白嘴潛鳥	*Gavia adamsii*	Yellow-billed Loon	無
C04	**鸊鷉科**	*Podicipedidae*		
53	小鸊鷉	*Tachybaptus ruficollis*	Little Grebe	留、普 / 冬、普
54	角鸊鷉	*Podiceps auritus*	Horned Grebe	冬、稀
55	赤頸鸊鷉	*Podiceps grisegena*	Red-necked Grebe	無
56	冠鸊鷉	*Podiceps cristatus*	Great Crested Grebe	冬、稀
57	黑頸鸊鷉	*Podiceps nigricollis*	Eared Grebe	冬、稀
C05	**信天翁科**	*Diomedeidae*		
58	黑背信天翁	*Phoebastria immutabilis*	Laysan Albatross	海、迷
59	黑腳信天翁	*Phoebastria nigripes*	Black-footed Albatross	海、稀
60	短尾信天翁	*Phoebastria albatrus*	Short-tailed Albatross	海、稀

編號	中文名	學名	英文名	遷留屬性
C06	**鸌科**	*Procellariidae*		
61	白腹穴鳥	*Pterodroma hypoleuca*	Bonin Petrel	海、稀
62	穴鳥	*Bulweria bulwerii*	Bulwer's Petrel	海、普
63	黑背白腹穴鳥	*Pseudobulweria rostrata*	Tahiti Petrel	海、迷
64	大水薙鳥	*Calonectris leucomelas*	Streaked Shearwater	海、普
65	肉足水薙鳥	*Puffinus carneipes*	Flesh-footed Shearwater	海、迷
66	長尾水薙鳥	*Puffinus pacificus*	Wedge-tailed Shearwater	海、稀
67	灰水薙鳥	*Puffinus griseus*	Sooty Shearwater	海、稀
68	短尾水薙鳥	*Puffinus tenuirostris*	Short-tailed Shearwater	海、稀
C07	**海燕科**	*Hydrobatidae*		
69	白腰叉尾海燕	*Oceanodroma leucorhoa*	Leach's Storm-Petrel	無
70	黑叉尾海燕	*Oceanodroma monorhis*	Swinhoe's Storm-Petrel	海、不普
71	褐翅叉尾海燕	*Oceanodroma tristrami*	Tristram's Storm-Petrel	海、迷
C08	**熱帶鳥科**	*Phaethontidae*		
72	白尾熱帶鳥	*Phaethon lepturus*	White-tailed Tropicbird	海、迷
73	紅嘴熱帶鳥	*Phaethon aethereus*	Red-billed Tropicbird	海、迷
74	紅尾熱帶鳥	*Phaethon rubricauda*	Red-tailed Tropicbird	海、稀
C09	**鸛科**	*Ciconiidae*		
75	黑鸛	*Ciconia nigra*	Black Stork	冬、稀 / 過、稀
76	東方白鸛	*Ciconia boyciana*	Oriental Stork	冬、稀
C10	**軍艦鳥科**	*Fregatidae*		
77	軍艦鳥	*Fregata minor*	Great Frigatebird	海、稀
78	白斑軍艦鳥	*Fregata ariel*	Lesser Frigatebird	海、稀
C11	**鰹鳥科**	*Sulidae*		
79	藍臉鰹鳥	*Sula dactylatra*	Masked Booby	海、稀
80	白腹鰹鳥	*Sula leucogaster*	Brown Booby	海、普
81	紅腳鰹鳥	*Sula sula*	Red-footed Booby	海、稀
C12	**鸕鷀科**	*Phalacrocoracidae*		
82	鸕鷀	*Phalacrocorax carbo*	Great Cormorant	冬、普
83	丹氏鸕鷀	*Phalacrocorax capillatus*	Japanese Cormorant	冬、稀
84	海鸕鷀	*Phalacrocorax pelagicus*	Pelagic Cormorant	迷
C13	**鵜鶘科**	*Pelecanidae*		
85	卷羽鵜鶘	*Pelecanus crispus*	Dalmatian Pelican	迷

編號	中文名	學名	英文名	遷留屬性
C14	**鷺科**	*Ardeidae*		
86	大麻鷺	*Botaurus stellaris*	Great Bittern	冬、稀
87	黃小鷺	*Ixobrychus sinensis*	Yellow Bittern	留、普 / 夏、普
88	秋小鷺	*Ixobrychus eurhythmus*	Schrenck's Bittern	過、稀
89	栗小鷺	*Ixobrychus cinnamomeus*	Cinnamon Bittern	留、不普
90	黃頸黑鷺	*Ixobrychus flavicollis*	Black Bittern	過、稀
91	蒼鷺	*Ardea cinerea*	Gray Heron	冬、普
92	紫鷺	*Ardea purpurea*	Purple Heron	冬、稀
93	大白鷺	*Ardea alba*	Great Egret	冬、普 / 夏、稀
94	中白鷺	*Mesophoyx intermedia*	Intermediate Egret	冬、普 / 夏、稀
95	白臉鷺	*Egretta novaehollandiae*	White-faced Heron	迷
96	唐白鷺	*Egretta eulophotes*	Chinese Egret	過、不普
97	小白鷺	*Egretta garzetta*	Little Egret	留、不普 / 夏、普 / 冬、普 / 過、普
98	岩鷺	*Egretta sacra*	Pacific Reef-Heron	留、不普
99	白頸黑鷺	*Egretta picata*	Pied Heron	迷
100	黃頭鷺	*Bubulcus ibis*	Cattle Egret	留、不普 / 夏、普 / 冬、普 / 過、普
101	池鷺	*Ardeola bacchus*	Chinese Pond-Heron	冬、稀
102	爪哇池鷺	*Ardeola speciosa*	Javan Pond-Heron	迷
103	綠簑鷺	*Butorides striata*	Striated Heron	留、不普 / 過、稀
104	夜鷺	*Nycticorax nycticorax*	Black-crowned Night-Heron	留、普 / 冬、稀 / 過、稀
105	棕夜鷺	*Nycticorax caledonicus*	Rufous Night-Heron	迷
106	麻鷺	*Gorsachius goisagi*	Japanese Night-Heron	過、稀
107	黑冠麻鷺	*Gorsachius melanolophus*	Malayan Night-Heron	留、普
C15	**䴉科**	*Threskiornithidae*		
108	彩䴉	*Plegadis falcinellus*	Glossy Ibis	迷
109	埃及聖䴉	*Threskiornis aethiopicus*	Sacred Ibis	引進種、不普
110	黑頭白䴉	*Threskiornis melanocephalus*	Black-headed Ibis	冬、稀 / 過、稀
111	朱鷺	*Nipponia nippon*	Crested Ibis	迷
112	白琵鷺	*Platalea leucorodia*	Eurasian Spoonbill	冬、稀
113	黑面琵鷺	*Platalea minor*	Black-faced Spoonbill	冬、不普 / 過、稀

編號	中文名	學名	英文名	遷留屬性
C16	**鶚科**	*Pandionidae*		
114	魚鷹	*Pandion haliaetus*	Osprey	冬、不普
C17	**鷹科**	*Accipitridae*		
115	黑翅鳶	*Elanus caeruleus*	Black-shouldered Kite	留、稀
116	東方蜂鷹	*Pernis ptilorhynchus*	Oriental Honey-buzzard	留、不普 / 過、普
117	黑冠鵑隼	*Aviceda leuphotes*	Black Baza	過、稀
118	禿鷲	*Aegypius monachus*	Cinereous Vulture	冬、稀
119	大冠鷲	*Spilornis cheela*	Crested Serpent-Eagle	留、普
120	熊鷹	*Nisaetus nipalensis*	Mountain Hawk-Eagle	留、稀
121	林鵰	*Ictinaetus malayensis*	Black Eagle	留、稀
122	花鵰	*Clanga clanga*	Greater Spotted Eagle	冬、稀
123	白肩鵰	*Aquila heliaca*	Imperial Eagle	過、稀
124	灰面鵟鷹	*Butastur indicus*	Gray-faced Buzzard	過、普 / 冬、稀
125	東方澤鵟	*Circus spilonotus*	Eastern Marsh-Harrier	冬、不普 / 過、不普
126	灰澤鵟	*Circus cyaneus*	Northern Harrier	冬、稀 / 過、稀
127	花澤鵟	*Circus melanoleucos*	Pied Harrier	過、稀
128	鳳頭蒼鷹	*Accipiter trivirgatus*	Crested Goshawk	留、普
129	赤腹鷹	*Accipiter soloensis*	Chinese Sparrowhawk	過、普
130	日本松雀鷹	*Accipiter gularis*	Japanese Sparrowhawk	冬、稀 / 過、不普
131	松雀鷹	*Accipiter virgatus*	Besra	留、不普
132	北雀鷹	*Accipiter nisus*	Eurasian Sparrowhawk	冬、稀
133	蒼鷹	*Accipiter gentilis*	Northern Goshawk	冬、稀
134	黑鳶	*Milvus migrans*	Black Kite	留、稀
135	栗鳶	*Haliastur indus*	Brahminy Kite	迷
136	白腹海鵰	*Haliaeetus leucogaster*	White-bellied Sea-Eagle	迷
137	白尾海鵰	*Haliaeetus albicilla*	White-tailed Eagle	冬、稀
138	毛足鵟	*Buteo lagopus*	Rough-legged Hawk	冬、稀
139	鵟	*Buteo buteo*	Common Buzzard	冬、不普 / 過、不普
140	大鵟	*Buteo hemilasius*	Upland Buzzard	冬、稀
C18	**秧雞科**	*Rallidae*		
141	紅腳秧雞	*Rallina fasciata*	Red-legged Crake	迷
142	灰腳秧雞	*Rallina eurizonoides*	Slaty-legged Crake	留、不普
143	灰胸秧雞	*Gallirallus striatus*	Slaty-breasted Rail	留、不普
144	秧雞	*Rallus indicus*	Brown-cheeked Rail	冬、稀

編號	中文名	學名	英文名	遷留屬性
145	紅腳苦惡鳥	*Amaurornis akool*	Brown Crake	無
146	白腹秧雞	*Amaurornis phoenicurus*	White-breasted Waterhen	留、普
147	小秧雞	*Porzana pusilla*	Baillon's Crake	冬、稀
148	斑胸秧雞	*Porzana porzana*	Spotted Crake	迷
149	緋秧雞	*Porzana fusca*	Ruddy-breasted Crake	留、普
150	斑脇秧雞	*Porzana paykullii*	Band-bellied Crake	迷
151	白眉秧雞	*Porzana cinerea*	White-browed Crake	過、稀
152	董雞	*Gallicrex cinerea*	Watercock	夏、稀
153	紫水雞	*Porphyrio porphyrio*	Purple Swamphen	迷
154	紅冠水雞	*Gallinula chloropus*	Eurasian Moorhen	留、普
155	白冠雞	*Fulica atra*	Eurasian Coot	冬、不普
C19	**鶴科**	*Gruidae*		
156	簑羽鶴	*Anthropoides virgo*	Demoiselle Crane	迷
157	白枕鶴	*Grus vipio*	White-naped Crane	迷
158	灰鶴	*Grus grus*	Common Crane	迷
159	白頭鶴	*Grus monacha*	Hooded Crane	迷
160	丹頂鶴	*Grus japonensis*	Red-crowned Crane	迷
C20	**長腳鷸科**	*Recurvirostridae*		
161	高蹺鴴	*Himantopus himantopus*	Black-winged Stilt	留、不普／冬、普
162	反嘴鴴	*Recurvirostra avosetta*	Pied Avocet	冬、稀
C21	**蠣鴴科**	*Haematopodidae*		
163	蠣鴴	*Haematopus ostralegus*	Eurasian Oystercatcher	冬、稀
C22	**鴴科**	*Charadriidae*		
164	灰斑鴴	*Pluvialis squatarola*	Black-bellied Plover	冬、普
165	太平洋金斑鴴	*Pluvialis fulva*	Pacific Golden-Plover	冬、普
166	小辮鴴	*Vanellus vanellus*	Northern Lapwing	冬、不普
167	跳鴴	*Vanellus cinereus*	Gray-headed Lapwing	冬、稀／過、稀
168	蒙古鴴	*Charadrius mongolus*	Lesser Sand-Plover	冬、不普／過、普
169	鐵嘴鴴	*Charadrius leschenaultii*	Greater Sand-Plover	冬、不普／過、普
170	東方環頸鴴	*Charadrius alexandrinus*	Kentish Plover	留、不普／冬、普
171	環頸鴴	*Charadrius hiaticula*	Common Ringed Plover	冬、稀／過、稀
172	劍鴴	*Charadrius placidus*	Long-billed Plover	冬、稀
173	小環頸鴴	*Charadrius dubius*	Little Ringed Plover	留、不普／冬、普
174	東方紅胸鴴	*Charadrius veredus*	Oriental Plover	過、稀

編號	中文名	學名	英文名	遷留屬性
C23	**彩鷸科**	*Rostratulidae*		
175	彩鷸	*Rostratula benghalensis*	Greater Painted-snipe	留、普
C24	**水雉科**	*Jacanidae*		
176	水雉	*Hydrophasianus chirurgus*	Pheasant-tailed Jacana	留、稀 / 過、稀
C25	**鷸科**	*Scolopacidae*		
177	反嘴鷸	*Xenus cinereus*	Terek Sandpiper	過、不普
178	磯鷸	*Actitis hypoleucos*	Common Sandpiper	冬、普
179	白腰草鷸	*Tringa ochropus*	Green Sandpiper	冬、不普
180	黃足鷸	*Tringa brevipes*	Gray-tailed Tattler	過、普
181	美洲黃足鷸	*Tringa incana*	Wandering Tattler	迷
182	鶴鷸	*Tringa erythropus*	Spotted Redshank	冬、稀
183	青足鷸	*Tringa nebularia*	Common Greenshank	冬、普
184	諾氏鷸	*Tringa guttifer*	Nordmann's Greenshank	過、稀
185	小黃腳鷸	*Tringa flavipes*	Lesser Yellowlegs	迷
186	小青足鷸	*Tringa stagnatilis*	Marsh Sandpiper	冬、不普 / 過、普
187	鷹斑鷸	*Tringa glareola*	Wood Sandpiper	冬、普 / 過、普
188	赤足鷸	*Tringa totanus*	Common Redshank	冬、普
189	小杓鷸	*Numenius minutus*	Little Curlew	過、不普
190	中杓鷸	*Numenius phaeopus*	Whimbrel	冬、不普 / 過、普
191	黦鷸	*Numenius madagascariensis*	Far Eastern Curlew	過、不普
192	大杓鷸	*Numenius arquata*	Eurasian Curlew	冬、不普
193	黑尾鷸	*Limosa limosa*	Black-tailed Godwit	冬、稀 / 過、不普
194	斑尾鷸	*Limosa lapponica*	Bar-tailed Godwit	冬、稀 / 過、不普
195	翻石鷸	*Arenaria interpres*	Ruddy Turnstone	冬、普
196	大濱鷸	*Calidris tenuirostris*	Great Knot	過、不普
197	紅腹濱鷸	*Calidris canutus*	Red Knot	過、不普
198	流蘇鷸	*Calidris pugnax*	Ruff	冬、稀
199	寬嘴鷸	*Calidris falcinellus*	Broad-billed Sandpiper	過、不普
200	尖尾濱鷸	*Calidris acuminata*	Sharp-tailed Sandpiper	過、普
201	高蹺濱鷸	*Calidris himantopus*	Stilt Sandpiper	迷
202	彎嘴濱鷸	*Calidris ferruginea*	Curlew Sandpiper	冬、稀 / 過、普
203	丹氏濱鷸	*Calidris temminckii*	Temminck's Stint	冬、稀
204	長趾濱鷸	*Calidris subminuta*	Long-toed Stint	冬、不普

編號	中文名	學名	英文名	遷留屬性
205	琵嘴鷸	*Calidris pygmea*	Spoon-billed Sandpiper	過、稀
206	紅胸濱鷸	*Calidris ruficollis*	Red-necked Stint	冬、普
207	三趾濱鷸	*Calidris alba*	Sanderling	冬、不普
208	黑腹濱鷸	*Calidris alpina*	Dunlin	冬、普
209	小濱鷸	*Calidris minuta*	Little Stint	冬、稀 / 過、稀
210	黃胸鷸	*Calidris subruficollis*	Buff-breasted Sandpiper	迷
211	美洲尖尾濱鷸	*Calidris melanotos*	Pectoral Sandpiper	過、稀
212	西濱鷸	*Calidris mauri*	Western Sandpiper	迷
213	長嘴半蹼鷸	*Limnodromus scolopaceus*	Long-billed Dowitcher	冬、稀
214	半蹼鷸	*Limnodromus semipalmatus*	Asian Dowitcher	過、稀
215	小鷸	*Lymnocryptes minimus*	Jack Snipe	過、稀
216	大地鷸	*Gallinago hardwickii*	Latham's Snipe	過、稀
217	田鷸	*Gallinago gallinago*	Common Snipe	冬、普
218	針尾鷸	*Gallinago stenura*	Pin-tailed Snipe	冬、稀 / 過、普
219	中地鷸	*Gallinago megala*	Swinhoe's Snipe	冬、稀 / 過、普
220	山鷸	*Scolopax rusticola*	Eurasian Woodcock	冬、稀
221	紅領瓣足鷸	*Phalaropus lobatus*	Red-necked Phalarope	過、普
222	灰瓣足鷸	*Phalaropus fulicarius*	Red Phalarope	過、稀
C26	**三趾鶉科**	*Turnicidae*		
223	林三趾鶉	*Turnix sylvaticus*	Small Buttonquail	留、稀
224	黃腳三趾鶉	*Turnix tanki*	Yellow-legged Buttonquail	迷
225	棕三趾鶉	*Turnix suscitator*	Barred Buttonquail	留、普
C27	**燕鴴科**	*Glareolidae*		
226	燕鴴	*Glareola maldivarum*	Oriental Pratincole	夏、普
C28	**賊鷗科**	*Stercorariidae*		
227	灰賊鷗	*Stercorarius maccormicki*	South Polar Skua	迷
228	中賊鷗	*Stercorarius pomarinus*	Pomarine Jaeger	海、稀
229	短尾賊鷗	*Stercorarius parasiticus*	Parasitic Jaeger	海、稀
230	長尾賊鷗	*Stercorarius longicaudus*	Long-tailed Jaeger	海、稀
C29	**海雀科**	*Alcidae*		
231	崖海鴉	*Uria aalge*	Common Murre	迷
232	扁嘴海雀	*Synthliboramphus antiquus*	Ancient Murrelet	海、稀

編號	中文名	學名	英文名	遷留屬性
233	冠海雀	*Synthliboramphus wumizusume*	Japanese Murrelet	海、稀
C30	**鷗科**	*Laridae*		
234	三趾鷗	*Rissa tridactyla*	Black-legged Kittiwake	冬、稀
235	叉尾鷗	*Xema sabini*	Sabine's Gull	迷
236	黑嘴鷗	*Saundersilarus saundersi*	Saunders's Gull	冬、不普
237	細嘴鷗	*Chroicocephalus genei*	Slender-billed Gull	迷
238	澳洲紅嘴鷗	*Chroicocephalus novaehollandiae*	Silver Gull	迷
239	紅嘴鷗	*Chroicocephalus ridibundus*	Black-headed Gull	冬、普
240	棕頭鷗	*Chroicocephalus brunnicephalus*	Brown-headed Gull	迷
241	小鷗	*Hydrocoloeus minutus*	Little Gull	迷
242	笑鷗	*Leucophaeus atricilla*	Laughing Gull	迷
243	弗氏鷗	*Leucophaeus pipixcan*	Franklin's Gull	迷
244	遺鷗	*Ichthyaetus relictus*	Relict Gull	無
245	漁鷗	*Ichthyaetus ichthyaetus*	Pallas's Gull	冬、稀
246	黑尾鷗	*Larus crassirostris*	Black-tailed Gull	冬、不普
247	海鷗	*Larus canus*	Mew Gull	冬、稀
248	銀鷗	*Larus argentatus*	Herring Gull	冬、稀
249	裏海銀鷗	*Larus cachinnans*	Caspian Gull	冬、稀
250	小黑背鷗	*Larus fuscus*	Lesser Black-backed Gull	冬、稀
251	灰背鷗	*Larus schistisagus*	Slaty-backed Gull	冬、稀
252	北極鷗	*Larus hyperboreus*	Glaucous Gull	迷
253	玄燕鷗	*Anous stolidus*	Brown Noddy	夏、稀
254	黑玄燕鷗	*Anous minutus*	Black Noddy	迷
255	烏領燕鷗	*Onychoprion fuscatus*	Sooty Tern	夏、稀 / 過、稀
256	白眉燕鷗	*Onychoprion anaethetus*	Bridled Tern	夏、不普
257	白腰燕鷗	*Onychoprion aleuticus*	Aleutian Tern	過、不普
258	小燕鷗	*Sternula albifrons*	Little Tern	留、不普 / 夏、不普
259	鷗嘴燕鷗	*Gelochelidon nilotica*	Gull-billed Tern	冬、稀 / 過、不普
260	裏海燕鷗	*Hydroprogne caspia*	Caspian Tern	冬、不普
261	黑浮鷗	*Chlidonias niger*	Black Tern	迷
262	白翅黑燕鷗	*Chlidonias leucopterus*	White-winged Tern	冬、稀 / 過、普
263	黑腹燕鷗	*Chlidonias hybrida*	Whiskered Tern	冬、普 / 過、普
264	紅燕鷗	*Sterna dougallii*	Roseate Tern	夏、不普

編號	中文名	學名	英文名	遷留屬性
265	蒼燕鷗	*Sterna sumatrana*	Black-naped Tern	夏、不普
266	燕鷗	*Sterna hirundo*	Common Tern	過、普
267	鳳頭燕鷗	*Thalasseus bergii*	Great Crested Tern	夏、不普
268	白嘴端燕鷗	*Thalasseus sandvicensis*	Sandwich Tern	迷
269	小鳳頭燕鷗	*Thalasseus bengalensis*	Lesser Crested Tern	迷
270	黑嘴端鳳頭燕鷗	*Thalasseus bernsteini*	Chinese Crested Tern	過、稀
C31	**鳩鴿科**	*Columbidae*		
271	野鴿	*Columba livia*	Rock Pigeon	引進種、普
272	灰林鴿	*Columba pulchricollis*	Ashy Wood-Pigeon	留、不普
273	黑林鴿	*Columba janthina*	Japanese Wood-Pigeon	迷
274	金背鳩	*Streptopelia orientalis*	Oriental Turtle-Dove	留、普
275	灰斑鳩	*Streptopelia decaocto*	Eurasian Collared-Dove	引進種、稀
276	紅鳩	*Streptopelia tranquebarica*	Red Collared-Dove	留、普
277	珠頸斑鳩	*Streptopelia chinensis*	Spotted Dove	留、普
278	斑尾鵑鳩	*Macropygia unchall*	Barred Cuckoo-Dove	無
279	長尾鳩	*Macropygia tenuirostris*	Philippine Cuckoo-Dove	留、蘭嶼不普
280	翠翼鳩	*Chalcophaps indica*	Emerald Dove	留、不普
281	橙胸綠鳩	*Treron bicinctus*	Orange-breasted Pigeon	迷
282	厚嘴綠鳩	*Treron curvirostra*	Thick-billed Pigeon	無
283	綠鳩	*Treron sieboldii*	White-bellied Pigeon	留、不普
284	紅頭綠鳩	*Treron formosae*	Whistling Green-Pigeon	留、稀
285	小綠鳩	*Ptilinopus leclancheri*	Black-chinned Fruit-Dove	留、稀
C32	**杜鵑科**	*Cuculidae*		
286	冠郭公	*Clamator coromandus*	Chestnut-winged Cuckoo	過、稀
287	斑翅鳳頭鵑	*Clamator jacobinus*	Pied Cuckoo	迷
288	鷹鵑	*Hierococcyx sparverioides*	Large Hawk-Cuckoo	夏、普
289	棕腹鷹鵑	*Hierococcyx nisicolor*	Hodgson's Hawk-Cuckoo	迷
290	北方鷹鵑	*Hierococcyx hyperythrus*	Northern Hawk-Cuckoo	迷
291	四聲杜鵑	*Cuculus micropterus*	Indian Cuckoo	過、稀
292	大杜鵑	*Cuculus canorus*	Common Cuckoo	過、稀
293	北方中杜鵑	*Cuculus optatus*	Oriental Cuckoo	夏、普
294	小杜鵑	*Cuculus poliocephalus*	Lesser Cuckoo	過、稀
295	八聲杜鵑	*Cacomantis merulinus*	Plaintive Cuckoo	迷

編號	中文名	學名	英文名	遷留屬性
296	烏鵑	*Surniculus dicruroides*	Fork-tailed Drongo-Cuckoo	迷
297	噪鵑	*Eudynamys scolopaceus*	Asian Koel	過、稀
298	褐翅鴉鵑	*Centropus sinensis*	Greater Coucal	無
299	番鵑	*Centropus bengalensis*	Lesser Coucal	留、普
C33	**草鴞科**	*Tytonidae*		
300	草鴞	*Tyto longimembris*	Australasian Grass-Owl	留、稀
C34	**鴟鴞科**	*Strigidae*		
301	黃嘴角鴞	*Otus spilocephalus*	Mountain Scops-Owl	留、普
302	領角鴞	*Otus lettia*	Collared Scops-Owl	留、普
303	蘭嶼角鴞	*Otus elegans*	Ryukyu Scops-Owl	留、蘭嶼普
304	東方角鴞	*Otus sunia*	Oriental Scops-Owl	過、不普
305	黃魚鴞	*Ketupa flavipes*	Tawny Fish-Owl	留、稀
306	鵂鶹	*Glaucidium brodiei*	Collared Owlet	留、不普
307	縱紋腹小鴞	*Athene noctua*	Little Owl	迷
308	褐林鴞	*Strix leptogrammica*	Brown Wood-Owl	留、稀
309	東方灰林鴞	*Strix nivicola*	Himalayan Owl	留、稀
310	長耳鴞	*Asio otus*	Long-eared Owl	冬、稀
311	短耳鴞	*Asio flammeus*	Short-eared Owl	冬、不普
312	褐鷹鴞	*Ninox japonica*	Northern Boobook	留、不普 / 過、不普
C35	**夜鷹科**	*Caprimulgidae*		
313	普通夜鷹	*Caprimulgus indicus*	Gray Nightjar	過、稀
314	台灣夜鷹	*Caprimulgus affinis*	Savanna Nightjar	留、普
C36	**雨燕科**	*Apodidae*		
315	白喉針尾雨燕	*Hirundapus caudacutus*	White-throated Needletail	過、稀
316	灰喉針尾雨燕	*Hirundapus cochinchinensis*	Silver-backed Needletail	留、稀
317	短嘴金絲燕	*Aerodramus brevirostris*	Himalayan Swiftlet	過、稀
318	叉尾雨燕	*Apus pacificus*	Pacific Swift	留、不普 / 過、不普
319	小雨燕	*Apus nipalensis*	House Swift	留、普
C37	**翠鳥科**	*Alcedinidae*		
320	翠鳥	*Alcedo atthis*	Common Kingfisher	留、普 / 過、不普
321	三趾翠鳥	*Ceyx erithaca*	Black-backed Dwarf-Kingfisher	迷
322	赤翡翠	*Halcyon coromanda*	Ruddy Kingfisher	過、稀
323	蒼翡翠	*Halcyon smyrnensis*	White-throated Kingfisher	過、稀

編號	中文名	學名	英文名	遷留屬性
324	黑頭翡翠	*Halcyon pileata*	Black-capped Kingfisher	冬、稀 / 過、稀
325	白領翡翠	*Todiramphus chloris*	Collared Kingfisher	迷
326	斑翡翠	*Ceryle rudis*	Pied Kingfisher	無
C38	**蜂虎科**	*Meropidae*		
327	栗喉蜂虎	*Merops philippinus*	Blue-tailed Bee-eater	迷
328	彩虹蜂虎	*Merops ornatus*	Rainbow Bee-eater	迷
C39	**佛法僧科**	*Coraciidae*		
329	佛法僧	*Eurystomus orientalis*	Dollarbird	過、稀
C40	**戴勝科**	*Upupidae*		
330	戴勝	*Upupa epops*	Eurasian Hoopoe	冬、稀 / 過、稀
C41	**鬚鴷科**	*Megalaimidae*		
331	五色鳥	*Megalaima nuchalis*	Taiwan Barbet	留、普
C42	**啄木鳥科**	*Picidae*		
332	地啄木	*Jynx torquilla*	Eurasian Wryneck	冬、稀 / 過、稀
333	小啄木	*Dendrocopos canicapillus*	Gray-capped Woodpecker	留、普
334	大赤啄木	*Dendrocopos leucotos*	White-backed Woodpecker	留、不普
335	綠啄木	*Picus canus*	Gray-faced Woodpecker	留、稀
C43	**隼科**	*Falconidae*		
336	紅隼	*Falco tinnunculus*	Eurasian Kestrel	冬、普
337	紅腳隼	*Falco amurensis*	Amur Falcon	過、稀
338	灰背隼	*Falco columbarius*	Merlin	冬、稀 / 過、稀
339	燕隼	*Falco subbuteo*	Eurasian Hobby	過、不普
340	遊隼	*Falco peregrinus*	Peregrine Falcon	留、稀 / 冬、不普 / 過、不普
C44	**八色鳥科**	*Pittidae*		
341	綠胸八色鳥	*Pitta sordida*	Hooded Pitta	迷
342	八色鳥	*Pitta nympha*	Fairy Pitta	夏、不普
343	藍翅八色鳥	*Pitta moluccensis*	Blue-winged Pitta	迷
C45	**山椒鳥科**	*Campephagidae*		
344	灰喉山椒鳥	*Pericrocotus solaris*	Gray-chinned Minivet	留、普
345	長尾山椒鳥	*Pericrocotus ethologus*	Long-tailed Minivet	迷
346	琉球山椒鳥	*Pericrocotus tegimae*	Ryukyu Minivet	迷
347	灰山椒鳥	*Pericrocotus divaricatus*	Ashy Minivet	冬、稀 / 過、稀
348	小灰山椒鳥	*Pericrocotus cantonensis*	Brown-rumped Minivet	迷

編號	中文名	學名	英文名	遷留屬性
349	花翅山椒鳥	*Coracina macei*	Large Cuckooshrike	留、稀
350	黑原鵑鵙	*Lalage nigra*	Pied Triller	迷
351	黑翅山椒鳥	*Lalage melaschistos*	Black-winged Cuckooshrike	冬、稀／過、稀
C46	**伯勞科**	*Laniidae*		
352	虎紋伯勞	*Lanius tigrinus*	Tiger Shrike	過、稀
353	紅頭伯勞	*Lanius bucephalus*	Bull-headed Shrike	冬、稀
354	紅背伯勞	*Lanius collurio*	Red-backed Shrike	迷
355	紅尾伯勞	*Lanius cristatus*	Brown Shrike	冬、普／過、普
356	棕背伯勞	*Lanius schach*	Long-tailed Shrike	留、普
357	楔尾伯勞	*Lanius sphenocercus*	Chinese Gray Shrike	迷
C47	**綠鵙科**	*Vireonidae*		
358	綠畫眉	*Erpornis zantholeuca*	White-bellied Erpornis	留、普
C48	**黃鸝科**	*Oriolidae*		
359	黃鸝	*Oriolus chinensis*	Black-naped Oriole	留、稀／過、稀
360	朱鸝	*Oriolus traillii*	Maroon Oriole	留、不普
C49	**卷尾科**	*Dicruridae*		
361	大卷尾	*Dicrurus macrocercus*	Black Drongo	留、普／過、稀
362	灰卷尾	*Dicrurus leucophaeus*	Ashy Drongo	冬、稀／過、稀
363	鴉嘴卷尾	*Dicrurus annectans*	Crow-billed Drongo	無
364	小卷尾	*Dicrurus aeneus*	Bronzed Drongo	留、普
365	髮冠卷尾	*Dicrurus hottentottus*	Hair-crested Drongo	過、稀
C50	**王鶲科**	*Monarchidae*		
366	黑枕藍鶲	*Hypothymis azurea*	Black-naped Monarch	留、普
367	紫綬帶	*Terpsiphone atrocaudata*	Japanese Paradise-Flycatcher	過、稀；夏、蘭嶼普／留、蘭嶼稀
368	亞洲綬帶	*Terpsiphone paradisi*	Asian Paradise-Flycatcher	過、稀
C51	**鴉科**	*Corvidae*		
369	松鴉	*Garrulus glandarius*	Eurasian Jay	留、普
370	灰喜鵲	*Cyanopica cyanus*	Azure-winged Magpie	引進種、稀
371	台灣藍鵲	*Urocissa caerulea*	Taiwan Blue-Magpie	留、普
372	樹鵲	*Dendrocitta formosae*	Gray Treepie	留、普
373	喜鵲	*Pica pica*	Eurasian Magpie	留、普
374	星鴉	*Nucifraga caryocatactes*	Eurasian Nutcracker	留、普
375	東方寒鴉	*Corvus dauuricus*	Daurian Jackdaw	迷

編號	中文名	學名	英文名	遷留屬性
376	家烏鴉	*Corvus splendens*	House Crow	迷
377	禿鼻鴉	*Corvus frugilegus*	Rook	冬、稀
378	小嘴烏鴉	*Corvus corone*	Carrion Crow	過、稀
379	巨嘴鴉	*Corvus macrorhynchos*	Large-billed Crow	留、普
380	玉頸鴉	*Corvus torquatus*	Collared Crow	迷
C52	**百靈科**	*Alaudidae*		
381	大短趾百靈	*Calandrella brachydactyla*	Greater Short-toed Lark	迷
382	亞洲短趾百靈	*Calandrella rufescens*	Lesser Short-toed Lark	迷
383	歐亞雲雀	*Alauda arvensis*	Sky Lark	冬、稀
384	小雲雀	*Alauda gulgula*	Oriental Skylark	留、普
C53	**燕科**	*Hirundinidae*		
385	棕沙燕	*Riparia chinensis*	Gray-throated Martin	留、普
386	灰沙燕	*Riparia riparia*	Bank Swallow	過、稀
387	家燕	*Hirundo rustica*	Barn Swallow	夏、普／冬、普／過、普
388	洋燕	*Hirundo tahitica*	Pacific Swallow	留、普
389	金腰燕	*Cecropis daurica*	Red-rumped Swallow	過、稀
390	赤腰燕	*Cecropis striolata*	Striated Swallow	留、普
391	白腹毛腳燕	*Delichon urbicum*	Common House-Martin	迷
392	東方毛腳燕	*Delichon dasypus*	Asian House-Martin	留、不普
C54	**細嘴鶲科**	*Stenostiridae*		
393	方尾鶲	*Culicicapa ceylonensis*	Gray-headed Canary-Flycatcher	迷
C55	**山雀科**	*Paridae*		
394	赤腹山雀	*Poecile varius*	Varied Tit	留、不普
395	煤山雀	*Periparus ater*	Coal Tit	留、普
396	白頰山雀	*Parus cinereus*	Cinereous Tit	迷
397	青背山雀	*Parus monticolus*	Green-backed Tit	留、普
398	黃山雀	*Parus holsti*	Yellow Tit	留、稀
C56	**攀雀科**	*Remizidae*		
399	攀雀	*Remiz consobrinus*	Chinese Penduline-Tit	迷
C57	**長尾山雀科**	*Aegithalidae*		
400	紅頭山雀	*Aegithalos concinnus*	Black-throated Tit	留、普
C58	**鳾科**	*Sittidae*		
401	茶腹鳾	*Sitta europaea*	Eurasian Nuthatch	留、普

編號	中文名	學名	英文名	遷留屬性
C59	**鷦鷯科**	*Troglodytidae*		
402	鷦鷯	*Troglodytes troglodytes*	Eurasian Wren	留、普
C60	**河烏科**	*Cinclidae*		
403	河烏	*Cinclus pallasii*	Brown Dipper	留、不普
C61	**鵯科**	*Pycnonotidae*		
404	白環鸚嘴鵯	*Spizixos semitorques*	Collared Finchbill	留、普
405	烏頭翁	*Pycnonotus taivanus*	Styan's Bulbul	留、花蓮台東恆春半島普
406	白頭翁	*Pycnonotus sinensis*	Light-vented Bulbul	留、普
407	白喉紅臀鵯	*Pycnonotus aurigaster*	Sooty-headed Bulbul	無
408	紅嘴黑鵯	*Hypsipetes leucocephalus*	Black Bulbul	留、普
409	棕耳鵯	*Hypsipetes amaurotis*	Brown-eared Bulbul	留、蘭嶼綠島普 / 過、稀
410	栗背短腳鵯	*Hemixos castanonotus*	Chestnut Bulbul	無
C62	**戴菊科**	*Regulidae*		
411	戴菊鳥	*Regulus regulus*	Goldcrest	冬、稀 / 過、稀
412	火冠戴菊鳥	*Regulus goodfellowi*	Flamecrest	留、普
C63	**鷦眉科**	*Pnoepygidae*		
413	台灣鷦眉	*Pnoepyga formosana*	Taiwan Cupwing	留、普
C64	**樹鶯科**	*Cettiidae*		
414	短尾鶯	*Urosphena squameiceps*	Asian Stubtail	冬、稀 / 過、稀
415	棕面鶯	*Abroscopus albogularis*	Rufous-faced Warbler	留、普
416	日本樹鶯	*Horornis diphone*	Japanese Bush-Warbler	冬、稀
417	遠東樹鶯	*Horornis canturians*	Manchurian Bush-Warbler	冬、不普
418	小鶯	*Horornis fortipes*	Brownish-flanked Bush-Warbler	留、普 / 過、稀
419	深山鶯	*Horornis acanthizoides*	Yellowish-bellied Bush-Warbler	留、普
C65	**柳鶯科**	*Phylloscopidae*		
420	歐亞柳鶯	*Phylloscopus trochilus*	Willow Warbler	迷
421	嘰咋柳鶯	*Phylloscopus collybita*	Common Chiffchaff	迷
422	林柳鶯	*Phylloscopus sibilatrix*	Wood Warbler	迷
423	褐色柳鶯	*Phylloscopus fuscatus*	Dusky Warbler	冬、稀 / 過、稀
424	黃腹柳鶯	*Phylloscopus affinis*	Tickell's Leaf-Warbler	無
425	棕眉柳鶯	*Phylloscopus armandii*	Yellow-streaked Warbler	迷
426	巨嘴柳鶯	*Phylloscopus schwarzi*	Radde's Warbler	過、稀
427	黃腰柳鶯	*Phylloscopus proregulus*	Pallas's Leaf-Warbler	過、不普
428	黃眉柳鶯	*Phylloscopus inornatus*	Yellow-browed Warbler	冬、不普

編號	中文名	學名	英文名	遷留屬性
429	淡眉柳鶯	*Phylloscopus humei*	Hume's Warbler	無
430	極北柳鶯	*Phylloscopus borealis*	Arctic Warbler	冬、普
431	雙斑綠柳鶯	*Phylloscopus trochiloides*	Greenish Warbler	迷
432	淡腳柳鶯	*Phylloscopus tenellipes*	Pale-legged Leaf-Warbler	過、稀
433	庫頁島柳鶯	*Phylloscopus borealoides*	Sakhalin Leaf-Warbler	過、稀
434	冠羽柳鶯	*Phylloscopus coronatus*	Eastern Crowned Leaf-Warbler	過、稀
435	飯島柳鶯	*Phylloscopus ijimae*	Ijima's Leaf-Warbler	過、稀
436	克氏冠紋柳鶯	*Phylloscopus claudiae*	Claudia's Leaf-Warbler	迷
437	哈氏冠紋柳鶯	*Phylloscopus goodsoni*	Hartert's Leaf-Warbler	迷
438	黑眉柳鶯	*Phylloscopus ricketti*	Sulphur-breasted Warbler	迷
439	淡尾鶲鶯	*Seicercus soror*	Plain-tailed Warbler	無
440	比氏鶲鶯	*Seicercus valentini*	Bianchi's Warbler	迷
441	栗頭鶲鶯	*Seicercus castaniceps*	Chestnut-crowned Warbler	迷
C66	**葦鶯科**	*Acrocephalidae*		
442	靴籬鶯	*Iduna caligata*	Booted Warbler	迷
443	細紋葦鶯	*Acrocephalus sorghophilus*	Streaked Reed-Warbler	迷
444	雙眉葦鶯	*Acrocephalus bistrigiceps*	Black-browed Reed-Warbler	冬、稀 / 過、稀
445	遠東葦鶯	*Acrocephalus tangorum*	Manchurian Reed-Warbler	迷
446	稻田葦鶯	*Acrocephalus agricola*	Paddyfield Warbler	迷
447	布氏葦鶯	*Acrocephalus dumetorum*	Blyth's Reed-Warbler	迷
448	東方大葦鶯	*Acrocephalus orientalis*	Oriental Reed-Warbler	冬、普
C67	**蝗鶯科**	*Locustellidae*		
449	蒼眉蝗鶯	*Locustella fasciolata*	Gray's Grasshopper-Warbler	過、稀
450	庫頁島蝗鶯	*Locustella amnicola*	Sakhalin Grasshopper-Warbler	過、稀
451	小蝗鶯	*Locustella certhiola*	Pallas's Grasshopper-Warbler	過、稀
452	北蝗鶯	*Locustella ochotensis*	Middendorff's Grasshopper-Warbler	冬、稀 / 過、不普
453	史氏蝗鶯	*Locustella pleskei*	Pleske's Grasshopper-Warbler	過、稀
454	茅斑蝗鶯	*Locustella lanceolata*	Lanceolated Warbler	過、不普
455	台灣叢樹鶯	*Locustella alishanensis*	Taiwan Bush-Warbler	留、普
C68	**扇尾鶯科**	*Cisticolidae*		
456	棕扇尾鶯	*Cisticola juncidis*	Zitting Cisticola	留、普 / 過、稀
457	黃頭扇尾鶯	*Cisticola exilis*	Golden-headed Cisticola	留、不普
458	斑紋鷦鶯	*Prinia crinigera*	Striated Prinia	留、普

編號	中文名	學名	英文名	遷留屬性
459	灰頭鷦鶯	*Prinia flaviventris*	Yellow-bellied Prinia	留、普
460	褐頭鷦鶯	*Prinia inornata*	Plain Prinia	留、普
C69	**鶯科**	*Sylviidae*		
461	漠地林鶯	*Sylvia nana*	Asian Desert Warbler	迷
462	白喉林鶯	*Sylvia curruca*	Lesser Whitethroat	迷
C70	**鸚嘴科**	*Paradoxornithidae*		
463	褐頭花翼	*Fulvetta formosana*	Taiwan Fulvetta	留、普
464	粉紅鸚嘴	*Sinosuthora webbiana*	Vinous-throated Parrotbill	留、普
465	黃羽鸚嘴	*Suthora verreauxi*	Golden Parrotbill	留、稀
C71	**繡眼科**	*Zosteropidae*		
466	冠羽畫眉	*Yuhina brunneiceps*	Taiwan Yuhina	留、普
467	紅脇繡眼	*Zosterops erythropleurus*	Chestnut-flanked White-eye	迷
468	綠繡眼	*Zosterops japonicus*	Japanese White-eye	留、普
469	低地繡眼	*Zosterops meyeni*	Lowland White-eye	留、蘭嶼普
C72	**畫眉科**	*Timaliidae*		
470	山紅頭	*Cyanoderma ruficeps*	Rufous-capped Babbler	留、普
471	小彎嘴	*Pomatorhinus musicus*	Taiwan Scimitar-Babbler	留、普
472	大彎嘴	*Megapomatorhinus erythrocnemis*	Black-necklaced Scimitar-Babbler	留、普
C73	**雀眉科**	*Pellorneidae*		
473	頭烏線	*Schoeniparus brunneus*	Dusky Fulvetta	留、普
C74	**噪眉科**	*Leiothrichidae*		
474	繡眼畫眉	*Alcippe morrisonia*	Gray-cheeked Fulvetta	留、普
475	大陸畫眉	*Garrulax canorus*	Hwamei	引進種、不普
476	台灣畫眉	*Garrulax taewanus*	Taiwan Hwamei	留、不普
477	台灣白喉噪眉	*Ianthocincla ruficeps*	Rufous-crowned Laughingthrush	留、稀
478	黑喉噪眉	*Ianthocincla chinensis*	Black-throated Laughingthrush	引進種、稀
479	棕噪眉	*Ianthocincla poecilorhyncha*	Rusty Laughingthrush	留、不普
480	台灣噪眉	*Trochalopteron morrisonianum*	White-whiskered Laughingthrush	留、普
481	白耳畫眉	*Heterophasia auricularis*	White-eared Sibia	留、普
482	黃胸藪眉	*Liocichla steerii*	Steere's Liocichla	留、普
483	紋翼畫眉	*Actinodura morrisoniana*	Taiwan Barwing	留、普
C75	**鶲科**	*Muscicapidae*		

編號	中文名	學名	英文名	遷留屬性
484	斑鶲	*Muscicapa striata*	Spotted Flycatcher	迷
485	烏鶲	*Muscicapa sibirica*	Dark-sided Flycatcher	過、稀
486	寬嘴鶲	*Muscicapa latirostris*	Asian Brown Flycatcher	過、不普 / 冬、稀
487	灰斑鶲	*Muscicapa griseisticta*	Gray-streaked Flycatcher	過、不普
488	褐胸鶲	*Muscicapa muttui*	Brown-breasted Flycatcher	迷
489	紅尾鶲	*Muscicapa ferruginea*	Ferruginous Flycatcher	夏、不普
490	鵲鴝	*Copsychus saularis*	Oriental Magpie-Robin	引進種、稀
491	白腰鵲鴝	*Copsychus malabaricus*	White-rumped Shama	引進種、稀
492	海南藍仙鶲	*Cyornis hainanus*	Hainan Blue-Flycatcher	迷
493	白喉林鶲	*Cyornis brunneatus*	Brown-chested Jungle-Flycatcher	迷
494	棕腹大仙鶲	*Niltava davidi*	Fujian Niltava	迷
495	棕腹仙鶲	*Niltava sundara*	Rufous-bellied Niltava	迷
496	黃腹琉璃	*Niltava vivida*	Vivid Niltava	留、不普
497	白腹琉璃	*Cyanoptila cyanomelana*	Blue-and-white Flycatcher	過、稀
498	銅藍鶲	*Eumyias thalassinus*	Verditer Flycatcher	冬、稀
499	小翼鶇	*Brachypteryx montana*	White-browed Shortwing	留、普
500	紅尾歌鴝	*Larvivora sibilans*	Rufous-tailed Robin	過、稀
501	日本歌鴝	*Larvivora akahige*	Japanese Robin	冬、稀
502	琉球歌鴝	*Larvivora komadori*	Ryukyu Robin	迷
503	藍歌鴝	*Larvivora cyane*	Siberian Blue Robin	過、稀
504	藍喉鴝	*Luscinia svecica*	Bluethroat	冬、稀
505	台灣紫嘯鶇	*Myophonus insularis*	Taiwan Whistling-Thrush	留、普
506	白斑紫嘯鶇	*Myophonus caeruleus*	Blue Whistling-Thrush	迷
507	小剪尾	*Enicurus scouleri*	Little Forktail	留、稀
508	野鴝	*Calliope calliope*	Siberian Rubythroat	冬、不普 / 過、普
509	白尾鴝	*Cinclidium leucurum*	White-tailed Robin	留、不普
510	藍尾鴝	*Tarsiger cyanurus*	Red-flanked Bluetail	冬、不普
511	白眉林鴝	*Tarsiger indicus*	White-browed Bush-Robin	留、稀
512	栗背林鴝	*Tarsiger johnstoniae*	Collared Bush-Robin	留、普
513	紅喉鶲	*Ficedula albicilla*	Taiga Flycatcher	冬、稀 / 過、稀
515	白眉鶲	*Ficedula zanthopygia*	Korean Flycatcher	過、稀
514	黃眉黃鶲	*Ficedula narcissina*	Narcissus Flycatcher	過、稀
516	白眉黃鶲	*Ficedula mugimaki*	Mugimaki Flycatcher	冬、稀 / 過、稀
517	銹胸藍姬鶲	*Ficedula hodgsonii*	Slaty-backed Flycatcher	迷

編號	中文名	學名	英文名	遷留屬性
518	黃胸青鶲	*Ficedula hyperythra*	Snowy-browed Flycatcher	留、普
519	紅胸鶲	*Ficedula parva*	Red-breasted Flycatcher	冬、稀
520	藍額紅尾鴝	*Phoenicurus frontalis*	Blue-fronted Redstart	迷
521	鉛色水鶇	*Phoenicurus fuliginosus*	Plumbeous Redstart	留、普
522	白頂溪鴝	*Phoenicurus leucocephalus*	White-capped Redstart	無
523	赭紅尾鴝	*Phoenicurus ochruros*	Black Redstart	迷
524	黃尾鴝	*Phoenicurus auroreus*	Daurian Redstart	冬、不普
525	白喉磯鶇	*Monticola gularis*	White-throated Rock-Thrush	迷
526	藍磯鶇	*Monticola solitarius*	Blue Rock-Thrush	留、稀 / 冬、普
527	黑喉鴝	*Saxicola maurus*	Siberian Stonechat	冬、不普 / 過、不普
528	灰叢鴝	*Saxicola ferreus*	Gray Bushchat	過、稀
529	穗䳭	*Oenanthe oenanthe*	Northern Wheatear	迷
530	白頂䳭	*Oenanthe pleschanka*	Pied Wheatear	無
531	漠䳭	*Oenanthe deserti*	Desert Wheatear	迷
532	沙䳭	*Oenanthe isabellina*	Isabelline Wheatear	迷
C76	**鶇科**	*Turdidae*		
533	白眉地鶇	*Geokichla sibirica*	Siberian Thrush	過、稀
534	橙頭地鶇	*Geokichla citrina*	Orange-headed Thrush	迷
535	虎鶇	*Zoothera dauma*	Scaly Thrush	冬、普
536	灰背鶇	*Turdus hortulorum*	Gray-backed Thrush	過、稀
537	烏灰鶇	*Turdus cardis*	Japanese Thrush	過、稀
538	黑鶇	*Turdus merula*	Eurasian Blackbird	冬、稀
539	白頭鶇	*Turdus poliocephalus*	Island Thrush	留、稀
540	白眉鶇	*Turdus obscurus*	Eyebrowed Thrush	冬、不普
541	白腹鶇	*Turdus pallidus*	Pale Thrush	冬、普
542	赤腹鶇	*Turdus chrysolaus*	Brown-headed Thrush	冬、普
543	赤頸鶇	*Turdus ruficollis*	Red-throated Thrush	迷
544	斑點鶇	*Turdus eunomus*	Dusky Thrush	冬、不普
545	紅尾鶇	*Turdus naumanni*	Naumann's Thrush	冬、不普
546	寶興歌鶇	*Turdus mupinensis*	Chinese Thrush	迷
C77	**八哥科**	*Sturnidae*		
547	輝椋鳥	*Aplonis panayensis*	Asian Glossy Starling	引進種、不普
548	八哥	*Acridotheres cristatellus*	Crested Myna	留、不普
549	白尾八哥	*Acridotheres javanicus*	Javan Myna	引進種、普

編號	中文名	學名	英文名	遷留屬性
550	林八哥	*Acridotheres fuscus*	Jungle Myna	引進種、不普
551	家八哥	*Acridotheres tristis*	Common Myna	引進種、普
552	黑領椋鳥	*Gracupica nigricollis*	Black-collared Starling	引進種、稀
553	北椋鳥	*Sturnia sturnina*	Daurian Starling	過、稀
554	小椋鳥	*Sturnia philippensis*	Chestnut-cheeked Starling	過、稀
555	灰背椋鳥	*Sturnia sinensis*	White-shouldered Starling	冬、不普
556	灰頭椋鳥	*Sturnia malabarica*	Chestnut-tailed Starling	引進種、稀
557	粉紅椋鳥	*Pastor roseus*	Rosy Starling	迷
558	絲光椋鳥	*Sturnus sericeus*	Red-billed Starling	冬、不普
559	歐洲椋鳥	*Sturnus vulgaris*	European Starling	過、稀 / 冬、稀
560	灰椋鳥	*Sturnus cineraceus*	White-cheeked Starling	冬、不普
C78	**啄花科**	*Dicaeidae*		
561	綠啄花	*Dicaeum minullum*	Plain Flowerpecker	留、不普
562	紅胸啄花	*Dicaeum ignipectus*	Fire-breasted Flowerpecker	留、普
C79	**吸蜜鳥科**	*Nectariniidae*		
563	黃腹花蜜鳥	*Cinnyris jugularis*	Olive-backed Sunbird	迷
564	叉尾太陽鳥	*Aethopyga christinae*	Fork-tailed Sunbird	迷
C80	**岩鷚科**	*Prunellidae*		
565	岩鷚	*Prunella collaris*	Alpine Accentor	留、普
566	棕眉山岩鷚	*Prunella montanella*	Siberian Accentor	迷
C81	**鶺鴒科**	*Motacillidae*		
567	西方黃鶺鴒	*Motacilla flava*	Western Yellow Wagtail	過、稀
568	東方黃鶺鴒	*Motacilla tschutschensis*	Eastern Yellow Wagtail	冬、普 / 過、普
569	黃頭鶺鴒	*Motacilla citreola*	Citrine Wagtail	過、稀
570	灰鶺鴒	*Motacilla cinerea*	Gray Wagtail	冬、普
571	白鶺鴒	*Motacilla alba*	White Wagtail	留、普 / 冬、普
572	日本鶺鴒	*Motacilla grandis*	Japanese Wagtail	迷
573	大花鷚	*Anthus richardi*	Richard's Pipit	冬、不普
574	布萊氏鷚	*Anthus godlewskii*	Blyth's Pipit	迷
575	草地鷚	*Anthus pratensis*	Meadow Pipit	迷
576	林鷚	*Anthus trivialis*	Tree Pipit	迷
577	樹鷚	*Anthus hodgsoni*	Olive-backed Pipit	冬、普
578	白背鷚	*Anthus gustavi*	Pechora Pipit	過、稀
579	赤喉鷚	*Anthus cervinus*	Red-throated Pipit	冬、不普

編號	中文名	學名	英文名	遷留屬性
580	水鷚	*Anthus spinoletta*	Water Pipit	迷
581	黃腹鷚	*Anthus rubescens*	American Pipit	冬、稀
582	山鶺鴒	*Dendronanthus indicus*	Forest Wagtail	冬、稀
C82	**連雀科**	*Bombycillidae*		
583	黃連雀	*Bombycilla garrulus*	Bohemian Waxwing	迷
584	朱連雀	*Bombycilla japonica*	Japanese Waxwing	迷
C83	**鐵爪鵐科**	*Calcariidae*		
585	鐵爪鵐	*Calcarius lapponicus*	Lapland Longspur	迷
586	雪鵐	*Plectrophenax nivalis*	Snow Bunting	迷
C84	**鵐科**	*Emberizidae*		
587	冠鵐	*Melophus lathami*	Crested Bunting	迷
588	白頭鵐	*Emberiza leucocephalos*	Pine Bunting	迷
589	草鵐	*Emberiza cioides*	Meadow Bunting	迷
590	紅頸葦鵐	*Emberiza yessoensis*	Ochre-rumped Bunting	迷
591	白眉鵐	*Emberiza tristrami*	Tristram's Bunting	過、稀
592	赤胸鵐	*Emberiza fucata*	Chestnut-eared Bunting	過、稀
593	黃眉鵐	*Emberiza chrysophrys*	Yellow-browed Bunting	過、稀
594	小鵐	*Emberiza pusilla*	Little Bunting	冬、稀 / 過、不普
595	田鵐	*Emberiza rustica*	Rustic Bunting	過、稀
596	黃喉鵐	*Emberiza elegans*	Yellow-throated Bunting	冬、稀
597	金鵐	*Emberiza aureola*	Yellow-breasted Bunting	過、稀
598	鏽鵐	*Emberiza rutila*	Chestnut Bunting	過、不普
599	黑頭鵐	*Emberiza melanocephala*	Black-headed Bunting	過、稀
600	褐頭鵐	*Emberiza bruniceps*	Red-headed Bunting	迷
601	野鵐	*Emberiza sulphurata*	Yellow Bunting	過、稀
602	黑臉鵐	*Emberiza spodocephala*	Black-faced Bunting	冬、普
603	灰鵐	*Emberiza variabilis*	Gray Bunting	迷
604	葦鵐	*Emberiza pallasi*	Pallas's Bunting	冬、稀
605	蘆鵐	*Emberiza schoeniclus*	Reed Bunting	迷
C85	**雀科**	*Fringillidae*		
606	花雀	*Fringilla montifringilla*	Brambling	冬、稀
607	褐鷽	*Pyrrhula nipalensis*	Brown Bullfinch	留、不普
608	灰鷽	*Pyrrhula erythaca*	Gray-headed Bullfinch	留、不普
609	歐亞鷽	*Pyrrhula pyrrhula*	Eurasian Bullfinch	迷

編號	中文名	學名	英文名	遷留屬性
610	普通朱雀	*Carpodacus erythrinus*	Common Rosefinch	冬、稀
611	台灣朱雀	*Carpodacus formosanus*	Taiwan Rosefinch	留、普
612	北朱雀	*Carpodacus roseus*	Pallas's Rosefinch	迷
613	金翅雀	*Chloris sinica*	Oriental Greenfinch	冬、稀
614	普通朱頂雀	*Acanthis flammea*	Common Redpoll	迷
615	黃雀	*Spinus spinus*	Eurasian Siskin	冬、稀
616	臘嘴雀	*Coccothraustes coccothraustes*	Hawfinch	冬、稀
617	小桑鳲	*Eophona migratoria*	Yellow-billed Grosbeak	冬、稀
618	桑鳲	*Eophona personata*	Japanese Grosbeak	冬、稀
C86	**麻雀科**	*Passeridae*		
619	家麻雀	*Passer domesticus*	House Sparrow	迷
620	山麻雀	*Passer rutilans*	Russet Sparrow	留、稀
621	麻雀	*Passer montanus*	Eurasian Tree Sparrow	留、普
C87	**梅花雀科**	*Estrildidae*		
622	橙頰梅花雀	*Estrilda melpoda*	Orange-cheeked Waxbill	引進種、不普
623	白喉文鳥	*Euodice malabarica*	Indian Silverbill	引進種、不普
624	白腰文鳥	*Lonchura striata*	White-rumped Munia	留、普
625	斑文鳥	*Lonchura punctulata*	Nutmeg Mannikin	留、普
626	黑頭文鳥	*Lonchura atricapilla*	Chestnut Munia	留、稀

※ 本書参考文獻：《臺灣野鳥手繪圖鑑》，Wetzlar __ City Guide.

台灣經典賞鳥路線

出發賞鳥去！鳥類觀察與攝影的實戰祕笈

作　者　邢正康、范國晃
協力攝影　莊崎州
編　輯　鄭婷尹
美術設計　吳怡嫻、劉錦堂

發 行 人　程顯灝
總 編 輯　呂增娣
主　編　李瓊絲
編　輯　鄭婷尹、陳思穎
　　　　邱昌昊、黃馨慧
美術主編　吳怡嫻
資深美編　劉錦堂
美　編　侯心苹
行銷總監　呂增慧
行銷企劃　謝儀方、吳孟蓉、李承恩

發 行 部　侯莉莉
財 務 部　許麗娟、陳美齡
印　務　許丁財

出 版 者　四塊玉文創有限公司
總 代 理　三友圖書有限公司
地　址　106台北市安和路二段二一三號四樓
電　話　(02) 2377-4155
傳　真　(02) 2377-4355
E-mail　service@sanyau.com.tw
郵政劃撥　05844889 三友圖書有限公司

總 經 銷　大和書報圖書股份有限公司
地　址　新北市新莊區五工五路二號
電　話　(02) 8990-2588
傳　真　(02) 2299-7900

製版印刷　皇城廣告印刷事業股份有限公司
初　版　二〇一六年五月
定　價　新台幣四五〇元
ISBN　978-986-5661-62-5（平裝）

※本書特別感謝Rockland Day協力製作

國家圖書館出版品預行編目(CIP)資料

台灣經典賞鳥路線：出發賞鳥去！鳥類觀察與攝影的實戰祕笈 / 邢正康, 范國晃著. -- 初版. – 台北市 : 四塊玉文創, 2016.05
面； 公分
ISBN 978-986-5661-62-5(平裝)

1.鳥 2.賞鳥 3.臺灣

388.833　　105006654

SAN YAU
http://www.ju-zi.com.tw
三友圖書
友直 友諒 友多聞

Rockland

戶外休閒與都市冒險的起點

Rockland 成立於1997年10月20日，座落於台北公館商圈。以銷售登山、旅行等戶外相關用品為主菜，以熱情、專業為調味料，滿足大家對於戶外相關商品的需求。

這幾年來，戶外裝備的品牌越來越多，商家也越開越多。在琳瑯滿目的品牌與商品中，消費者很難選擇，甚至不知哪樣的裝備才是真正合適自己的。Rockland發現了這個情況，進而也看見了一個使命：「一個幫助消費者享受戶外生活的責任；一個必須為消費者把關的責任。」Rockland的品牌理念中，「共好」是最重要的精神主軸，所謂的「共好」就是人人以正確的方式、做正確的事、而且得到正確的報酬。當然，Rockland也秉持以「共好」的精神為大家服務，專業嚴格選出最適合的裝備，並且透過專業的解說示範，提供對消費者最有幫助的服務。

除了自有品牌Rockland出品專為自助旅行設計的背包、衣物打理包 及系列旅行配件，店內代理的品牌包括：以簡約實用著稱的北歐瑞典Fjällräven、崇尚自然環保的美國有機棉T恤Earth Creations、結合流行美學設計與戶外多工機能的包款Mystery Ranch。此外，也經銷其它世界級的品牌商品，如：Osprey、Keen...等品牌。希望提供客人多元的商品選擇以及一個舒適的購物空間，更重要的是熱情又適切的產品諮詢。

Rockland認為生活就是一種冒險，只要踏出門外，就可稱為戶外。Rockland希望可以成為大家戶外休閒與都市冒險的起點，擔任戶外相關商品的嚴選守門員！希望可以透過Rockland的商品和服務，幫助人們更享受生活，不論是平日的工作，或是假日的休閒。只要選對裝備，就可以更愜意、舒適的享受戶外生活。做一個與自己、家人、朋友、以及環境共好的實踐者！

SHOP DATA

台北市大安區新生南路三段94巷5號1F
(02)2369-1961
Mon.-Sat.11:00-22:00 / Sun.11:00-18:00
(捷運公館站3號出口，位於台大正門口對街；誠品書局旁巷弄內)

廣　告　回　函
台北郵局登記證
台北廣字第2780號

地址：　　　縣/市　　　　鄉/鎮/市/區　　　　路/街

段　　巷　　弄　　號　　樓

SANYAU

三友圖書有限公司 收

SANYAU PUBLISHING CO., LTD.

106　台北市安和路2段213號4樓

SANYAU
三友圖書
讀書俱樂部

購買《台灣經典賞鳥路線：出發賞鳥去！鳥類觀察與攝影的實戰祕笈》的讀者有福啦，只要詳細填寫背面問券，並寄回三友圖書，即有機會獲得上宸光學國際有限公司獨家贊助之特別好禮！

MINOX BF 10 × 42 BR 雙筒望遠鏡
市價 9,900 元（共乙名）

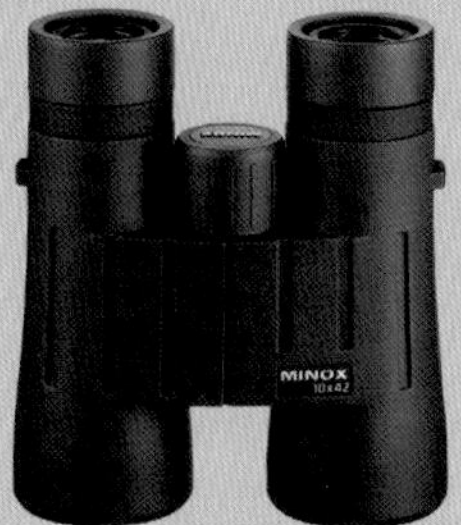

上宸光學國際有限公司

＊本回函影印無效

四塊玉文創╳橘子文化╳食為天文創 X 旗林文化
http://www.ju-zi.com.tw
https://www.facebook.com/comehomelife

【黏貼處】對折後寄回，謝謝。

親愛的讀者：
感謝您購買《台灣經典賞鳥路線：出發賞鳥去！鳥類觀察與攝影的實戰祕笈》一書，為回饋您對本書的支持與愛護，只要填妥本回函，並於 2016 年 7 月 15 日寄回本社（以郵戳為憑），即有機會抽中「MINOX BF 10×42 BR 雙筒望遠鏡」（共乙名）。

姓名＿＿＿＿＿＿＿＿ 出生年月日＿＿＿＿＿＿＿＿
電話＿＿＿＿＿＿＿＿ E-mail＿＿＿＿＿＿＿＿
通訊地址＿＿＿＿＿＿＿＿
臉書帳號＿＿＿＿＿＿＿＿
部落格名稱＿＿＿＿＿＿＿＿

1 年齡
☐ 18 歲以下 ☐ 19 歲～ 25 歲 ☐ 26 歲～ 35 歲 ☐ 36 歲～ 45 歲 ☐ 46 歲～ 55 歲 ☐ 56 歲～ 65 歲
☐ 66 歲～ 75 歲 ☐ 76 歲～ 85 歲 ☐ 86 歲以上

2 職業
☐軍公教 ☐工 ☐商 ☐自由業 ☐服務業 ☐農林漁牧業 ☐家管 ☐學生
☐其他＿＿＿＿＿＿

3 您從何處購得本書？
☐網路書店 ☐博客來 ☐金石堂 ☐讀冊 ☐誠品 ☐其他＿＿＿＿＿＿
☐實體書店＿＿＿＿＿＿

4 您從何處得知本書？
☐網路書店 ☐博客來 ☐金石堂 ☐讀冊 ☐誠品 ☐其他＿＿＿＿＿＿
☐實體書店＿＿＿＿＿＿ ☐ FB(微胖男女粉絲團 - 三友圖書)
☐三友圖書電子報 ☐好好刊(雙月刊) ☐朋友推薦 ☐廣播媒體＿＿＿＿＿＿

5 您購買本書的因素有哪些？（可複選）
☐作者 ☐內容 ☐圖片 ☐版面編排 ☐其他＿＿＿＿＿＿

6 您覺得本書的封面設計如何？
☐非常滿意 ☐滿意 ☐普通 ☐很差 ☐其他＿＿＿＿＿＿

7 非常感謝您購買此書，您還對哪些主題有興趣？（可複選）
☐中西食譜 ☐點心烘焙 ☐飲品類 ☐旅遊 ☐養生保健 ☐瘦身美妝 ☐手作 ☐寵物
☐商業理財 ☐心靈療癒 ☐小說 ☐其他＿＿＿＿＿＿

8 您每個月的購書預算為多少金額？
☐ 1,000 元以下 ☐ 1,001 ～ 2,000 元 ☐ 2,001 ～ 3,000 元 ☐ 3,001 ～ 4,000 元
☐ 4,001 ～ 5,000 元 ☐ 5,001 元以上

9 若出版的書籍搭配贈品活動，您比較喜歡哪一類型的贈品？（可選 2 種）
☐食品調味類 ☐鍋具類 ☐家電用品類 ☐書籍類 ☐生活用品類 ☐ DIY 手作類
☐交通票券類 ☐展演活動票券類 ☐其他＿＿＿＿＿＿

10 您認為本書尚需改進之處？以及對我們的意見？
＿＿＿＿＿＿＿＿＿＿＿＿

感謝您的填寫，
您寶貴的建議是我們進步的動力！

本回函得獎名單公布相關資訊
得獎名單抽出日期：2016 年 7 月 29 日
得獎名單公布於：
臉書「微胖男女編輯社 - 三友圖書」https://www.facebook.com/comehomelife
痞客邦「微胖男女編輯社 - 三友圖書」http://sanyau888.pixnet.net/blog

【黏貼處】對折後寄回，謝謝。